KB266879

AI 시대,
개발자는 어떻게 진화하는가

AI 시대, 개발자는 어떻게 진화하는가

금창섭 지음

<h1 style="text-align:center">서문</h1>

AI 시대, 개발자로는 살아남을 수 없는 이유

생성형 AI의 등장은 개발의 패러다임을 바꿔 놓았습니다. 우리는 모두 직관과 영감을 따라 자유롭게 코딩하는, 이른바 '바이브 주도 개발'을 꿈꿉니다. 소프트웨어 개발의 세계는 그 어느 때보다 역동적입니다. 아이디어가 떠오르면 생성형 AI의 도움으로 순식간에 코드를 구현하고, 그 즉각적인 결과물을 보며 희열을 느낍니다. 빠르게 프로토타입을 만들고, 즉각적인 피드백을 반영하는 이러한 방식은 창의적이고 매력적으로 보입니다.

하지만 문제는 속도가 아니라 방향입니다. AI가 개별 기능의 코딩 속도를 극대화할수록, 정교한 설계도 없이 빠르게 달리는 **'아키텍처 없는 속도'**라는 함정에 빠지기 쉽습니다. 명확한 설계도 없이 오직 '바이브'에만 의존한 개발의 끝에는, 38년간 매일같이 증축을 거듭한 끝에 미로가 되어 버린 기이한 건축물, **'윈체스터 미스터리 하우스'**가 기다리고 있습니다. 각 방(개별 기능)은 화려하지만, 문을 열면 벽이 나오고 계단은 천장으로 이어지는, 전체적인 목적과 흐름을 잃어버린 시스템 말입니다.

처음에는 빨랐던 개발 속도는 어느새 스파게티처럼 얽힌 코드의 무게에 짓눌려 멈춰 서고, 간단한 수정조차 예측 불가능한 버그를 유발합니다. 이 비극의 원인은 코딩 속도가 아니라, 전략적인 시스템 설계가 부족했기 때문입니다.

AI 시대 개발자의 새로운 역할

코드 생성은 더 이상 인간의 전유물이 아닙니다. AI가 개발자의 역할을 빠르게 대체하고 자동화하는 이 시대에, 우리 개발자들이 생존하고 성장할 수 있는 유일한 경로는 '아키텍트'로 진화하는 것입니다. 개발자가 개별 기능의 구현에 집중한다면, 아키텍트는 시스템의 전체 비전, 품질 목표, 그리고 기술적 리스크를 관리하는 전략적 설계자입니다.

○ AI가 할 수 없는 것: AI는 방대한 지식으로 코드를 생성하지만, 복잡하게 얽힌 이해관계와 '성능'과 '보안' 사이의 트레이드-오프 속에서 비즈니스 목표에 맞는 최적의 균형점을 찾는 전략적 의사결정은 여전히 아키텍트의 고유 영역입니다.

○ 이 책의 약속: 이 책은 개발자를 **'GPT AI라는 최강의 의사결정 동반자'**와 함께 일하는 현대적인 아키텍트로 만들어 드립니다. 딱딱한 이론을 외우는 대신, AI를 활용하여 복잡한 요구사항 분석, 아키텍처 패턴 합성, 그리고 설계 평가를 자동화하고, 개발자는 가장 중요한 전략적 판단에 집중하게 될 것입니다.

이 책은 AI 시대의 불안에 맞서는 개발자의 가장 시의적절하고 강력한 생존 가이드가 될 것입니다. 코딩의 자유를 잃지 않으면서도 견고하고 유연한 시스템을 설계하는 **'바이브 코딩을 위한 안전한 놀이터'**를 만드는 방법을 지금부터 함께 시작해 봅시다.

목차

제5장   성능 및 보안 최적화

제6장   확장용이성 및 가용성 최적화

제10장　GPT AI와 아키텍트의 대화법

제11장　ShopSmart 사례 연구

## 제1장

AI, 개발자의 의사결정 동반자

1.1
소프트웨어 아키텍처, 전략적 의사결정의 본질

소프트웨어 아키텍처는 시스템의 뼈대이자 방향을 정하는 나침반입니다. 아키텍처는 단순한 기술 구조가 아니라, 비즈니스 목표와 기술적 제약 사이에서 균형점을 찾는 전략적 판단의 결과물입니다. 이러한 아키텍처를 설계하는 전문가를 **소프트웨어 아키텍트**라고 부릅니다. 아키텍트는 비즈니스 요구사항을 기술 구조로 바꾸어 개발 팀의 방향을 정하는 역할을 맡습니다.

AI가 코드를 자동화하는 시대에, 아키텍트의 역할은 더욱 중요해졌습니다. 아키텍트는 복잡한 시스템을 명확하게 이해하고 표현하는 **추상화 능력**을 통해, 부수적인 세부사항을 걸러내고 전체 그림을 단순화해야 합니다. 특히 중요한 것은 성능과 보안, 확장용이성과 비용처럼 상반된 요구사항 사이에서 가장 적절한 균형점을 찾는 능력입니다. 아키텍트에게는 깊이 있는 기술 역량 외에도, 비즈니스 요구사항을 이해하고 이를 기술 솔루션으로 연결하는 능력, 다양한 이해관계자와 상충하는 요구사항을 조율하며 효과적으로 소통하고 이끌어 가는 **리더십**이 중요합니다.

1.2
아키텍처 의사결정의 타이밍과 범위

AI 시대의 아키텍트에게 필요한 핵심 이론은 바로 '언제, 무엇을, 그리고 왜 그 결정을 내리는가?'에 대한 명확한 이해입니다.

첫째, 결정의 타이밍입니다. '바이브 코딩'의 비극은 결정해야 할 가장 중요한 것들을 코딩 단계로 미루는 데서 시작됩니다. 아키텍처 의사결정은 변경 비용이 가장 저렴할 때, 즉 프로젝트 초기 설계 단계에 이루어져야 합니다. 이른바 ASR(Architecturally Significant Requirements, 주요 아키텍처 요구사항)로 불리는 핵심 요구사항을 초기 설계 단계에서 정의하는 것은 시스템의 근본적인 위험 요소를 조기에 식별하고 완화하여, 후반부의 대규모 재작업을 방지하는 핵심 전술입니다.

둘째, 결정의 범위입니다. AI가 코드를 생성할 수 있게 되면서, 개발팀은 상세 코딩 결정 대신 전략적 결정에 집중해야 합니다. 아키텍트의 책임 영역은 시스템의 핵심 품질 목표를 정의하고, 시스템을 구성하는 핵심 모듈과 그들 간의 상호작용 방식을 결정하는 것입니다. 또한, 핵심 요구사항을 충족시키기 위해 어떤 아키텍처 스타일과 주요 기술을 선택할지 결정하는 것도 아키텍트의 중요한 책임입니다.

이러한 복잡한 의사결정을 지원하기 위해, 이 책은 ChatGPT, Gemini, Claude와 같은 대규모 언어모델(LLM) 기반의 대화형 AI 도구를 활용합니다. 이를 'GPT AI'라고 통칭하며, 프롬프트를 통한 대화로 아키텍처 분석·설계·평가 전 과정에서 아키텍트를 지원하는 강력한 파트너 역할을 수행합니다.

1.3
GPT AI와 아키텍트의 협업

GPT AI는 아키텍트의 의사결정을 대체하는 것이 아니라, 더 효율적이고 포괄적인 설계를 가능하게 하는 **설계 판단 파트너**입니다. 이 책이 제시하는 협업 방법론은 GPT AI의 방대한 지식과 인간 아키텍트의 전략적 판단을 결합합니다. AI는 다양한 아키텍처 패턴과 기술 스택 정보를 신속하게 제공하여 지식 격차를 빠르게 메워 줄 수 있습니다. 또한, 요구사항 분석 초안 생성, 아키텍처 다이어그램 코드 작성, 문서화 작업 등을 자동화하여 반복적인 작업을 효율화합니다. 이와 함께, 다양한 설계 대안을 제시하고 잠재적 위험을 식별하여 더욱 견고한 아키텍처 설계를 지원할 수 있습니다.

그러나 최종적인 결정과 책임은 여전히 인간 아키텍트에게 있습니다. 아키텍트는 비즈니스 목표와 제약 조건을 고려하여 최적의 균형점을 선택하고, GPT AI의 결과물을 프로젝트의 특수성에 맞춰 비판적으로 검토하며, 다양한 이해관계자 간의 상반된 요구사항을 조율하는 최종 결정권자입니다.

1.4
GPT AI와 함께하는 설계 자동화 프로세스

이 책의 핵심은 인간 아키텍트의 통찰력과 AI의 압도적인 분석 능력이 협력하여 아키텍처 설계를 효율화하고 자동화하는 전체 프로세스를 제시하는 것입니다. 이 모든 협업 과정을 시각적으로 요약하면 그림 1-1과 같습니다.

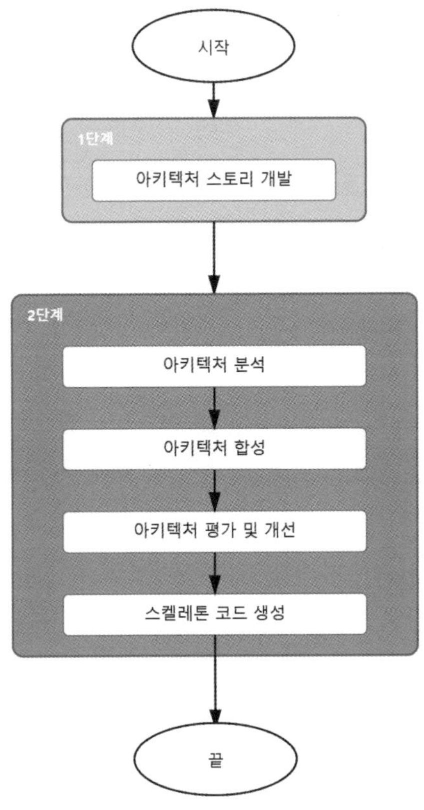

[그림 1-1] SW 아키텍처 설계 자동화 프로세스

이 그림에서 보는 바와 같이 설계 자동화 프로세스는 크게 1단계(인간 주도)와 2단계(AI/인간 협력)로 나누어집니다.

- **1단계: 아키텍처 스토리 개발**은 비즈니스 목표와 도메인 통찰을 가진 아키텍트의 아이디어에서 시작하여, 시스템의 비전과 목표 품질 속성 등을 포함하는 텍스트 시나리오(아키텍처 스토리)를 작성하는 과정입니다. 이 스토리는 다음 단계에서 AI에게 전달될 구조적 지시서이자 핵심 프롬프트가 됩니다.
- **2단계: GPT AI와의 협업을 통한 설계 구체화**는 아키텍처 스토리를 바탕으로 AI가 설계 초안을 생성하면, 아키텍트가 이를 검토하고 개선하는 반복적인 과정입니다.

1. **아키텍처 분석**: GPT AI가 아키텍처 스토리를 분석하여 설계에 영향을 미치는 주요 아키텍처 요구사항(ASR)을 도출합니다.
2. **아키텍처 합성**: 도출된 ASR을 기반으로 GPT AI가 시스템의 구조를 시각적으로 표현한 **아키텍처 모델 초안**을 생성합니다.
3. **아키텍처 평가 및 개선**: 생성된 모델이 요구사항을 충족하는지 검증합니다. GPT AI가 위험 요소를 찾아 개선 방향을 제안하도록 요청합니다.
4. **스켈레톤 코드 생성**: 검증되고 개선된 아키텍처 모델을 바탕으로, GPT AI가 기본적인 구조를 갖춘 스켈레톤 코드(Skeleton Code)를 생성합니다.

이 구조화된 접근 방식은 인간 아키텍트의 통찰력과 경험에 GPT AI의 방대한 지식과 빠른 분석·생성 능력을 결합해 더 높은 수준의 아키텍처 설계를 가능하게 합니다. 스켈레톤 코드는 개발팀이 구조 설계에 소모되는 시간을 줄이고 비즈니스 로직 구현에 집중할 수 있도록 돕는 **'안전한 프레임워크'** 역할을 합니다.

## 제2장

요구사항 정의 및 분석

2.1
아키텍처 스토리: AI를 위한 전략적 나침반

아키텍처 스토리는 시스템의 주요 기능, 품질 요구사항, 제약조건을 전문용어가 아닌 자연어로 표현한 문서입니다. 이는 단순한 요구사항 명세서와 달리, 설계 의도, 품질 목표, 맥락까지 포함하는 내러티브 문서입니다. GPT AI 기반의 설계 자동화 과정에서, 아키텍처 스토리는 가장 먼저 작성되어 이후의 분석·모델링·평가의 기반이 되는 핵심 입력(프롬프트) 역할을 수행합니다.

2.1.1 아키텍처 스토리의 핵심 가치

- **AI 프롬프트 역할**: GPT AI가 복잡한 시스템의 맥락과 목표를 명확하게 이해할 수 있는 구체적인 지시를 제공하여, 설계 자동화를 효과적으로 유도합니다. 이는 곧, GPT AI에게 전달하는 '구조적 지시서' 역할을 합니다.
- **의사소통 도구**: 기술 용어보다는 이해하기 쉬운 자연어로 구성되어, 개발자, 기획자, 비즈니스 리더 등 다양한 이해관계자 간의 효과적인 커뮤니케이션을 촉진합니다.
- **설계/평가 지침**: 아키텍트와 개발팀이 설계 방향을 설정하는 명확한 지침이 되며, 완성된 아키텍처를 평가하고 검증하는 핵심 판단 기준을 제공합니다.

2.1.2 아키텍처 스토리 작성 6단계 전략

효과적인 아키텍처 스토리는 AI와의 협업을 극대화하고, 복잡한 시스템의 요구사항을 명확하게 정의하기 위한 체계적인 과정을 통해 완성됩니다.

1. **시스템 범위 설정**: 설계 대상 시스템이 제공해야 할 핵심 기능과 외부 시스템이 제공하는 기능을 명확히 구분하여 시스템의 경계를 정의합니다. 이는 불필요한 복잡성을 줄이고 설계 범위를 명확히 하는 데 필수적입니다.

2. **주요 시나리오 식별**: 시스템이 처리할 **주요 사용자 여정**(Use Case), 발생 가능한 예외 상황, 그리고 성능, 보안 같은 비기능적 요구사항(품질 속성)을 검증할 수 있는 시나리오를 구체적으로 파악합니다.

3. **시스템 설명 초안 작성**: 명확하고 간결한 언어를 사용하여 시스템의 핵심 기능, 중요한 품질 속성, 제약 조건을 서술형 텍스트로 작성합니다. 이때, '무엇을 할 것인가'보다 '왜 그것이 중요한가'에 초점을 맞춰 맥락을 제공합니다.

4. **자연어 사용 및 모호성 제거**: 기술 용어의 사용을 최소화하고, 모든 이해관계자가 이해하기 쉬운 자연어로 작성합니다. 문장의 모호성을 제거하고, 가능한 한 구체적이고 측정 가능한 표현을 사용해야 합니다.

5. **GPT AI와 협업하여 구체화**: 작성된 초안을 GPT AI에 제공하고, 추가적인 통찰이나 누락된 요구사항, 또는 모호한 부분을 명확히 하는 제안을 받아 스토리를 정교화합니다.

   프롬프트 예시

   "이 아키텍처 스토리에서 부족하거나 모호한 부분은 없는지 분석하고, 추가할 만한 사용자 여정 시나리오를 3가지 제안해 줘."

6. **반복 및 개선**: GPT AI의 피드백과 이해관계자의 검토를 통해 스토리를 반복적으로 수정하고, 요구사항의 변경사항을 반영하여 최종 아키텍처 스토리를 확정합니다.

2.1.3 아키텍처 스토리 예시: ShopSmart 이커머스 플랫폼

다음은 ShopSmart 이커머스 플랫폼의 아키텍처 스토리를 보여 주는 예시입니다.

ShopSmart는 온라인 쇼핑 경험을 혁신하는 이커머스 플랫폼으로 다음과 같은 주요 목표, 기능 시나리오, 품질 요구사항, 제약사항으로 구성되어 있다.

주요 목표: 사용자에게 개인화된 쇼핑 추천을 제공하고, 빠르고 안전한 결제 시스템을 구축하며, 안정적인 재고 관리 및 주문 처리 기능을 제공하여 고객 만족도를 극대화한다.

주요 기능 시나리오

○ **상품 검색 및 추천**: 사용자는 다양한 조건(카테고리, 가격, 브랜드)으로 상품을 검색할 수 있으며, 검색 결과는 1초 이내로 제공되어야 한다. 개인화된 추천 시스템은 사용자의 과거 구매 이력과 관심사를 분석하여 정확도 높은 상품을 제안한다.

○ **결제 처리**: 사용자는 신용카드, 간편 결제 등 다양한 수단으로 상품을 구매할 수 있다. 결제 시스템은 PCI-DSS 규정을 준수해야 하며, 모든 결제 정보는 암호화되어 처리되고, 시스템 장애 시에도 결제 오류 없이 최종 완료되거나 안전하게 롤백되어야 한다. 결제 과정은 3초 이내에 완료되어야 한다.

○ **재고 및 주문 관리**: 상품 재고는 실시간으로 관리되며, 주문 발생 시 즉시 재고에 반영된다. 주문 후 배송 추적, 주문 취소/변경 기능을 제공해야 한다. 재고 데이터는 항상 일관성을 유지해야 한다.

품질 요구사항

○ **성능**: 대규모 트래픽(블랙프라이데이 등)에도 시스템은 안정적으로 응답해야 하며, 주요 기능(검색, 결제)은 초당 1000건 이상의 요청을 처리하면서도 응답 시간이 1

초를 넘지 않아야 한다.

○**보안**: 사용자 개인 정보 및 결제 정보는 최고 수준으로 보호되어야 하며, 모든 데이터는 전송 및 저장 시 암호화된다. 외부 보안 위협으로부터 시스템을 보호할 수 있는 방어 체계가 필요하다.

○**가용성**: 시스템은 연중무휴 24시간 운영되어야 하며, 연간 99.99% 이상의 가용성을 목표로 한다. 장애 발생 시 5분 이내에 복구되어야 한다.

○**확장용이성**: 향후 사용자 수 10배 증가에도 아키텍처 변경 없이 시스템 확장이 가능해야 한다.

제약 사항

○주요 인프라는 AWS 클라우드 환경을 사용해야 한다.

○기존 CRM 시스템과의 연동이 필수적이다.

○개발 예산은 5억원 이내로 제한된다.

2.2
핵심 요구사항 도출: GPT AI와 체계적 분석

아키텍처 스토리라는 서술적 입력을 받았다면, 이제 시스템의 구조와 품질을 결정짓는 핵심 요소인 ASR(Architecturally Significant Requirements, 주요 아키텍처 요구사항)을 추출할 차례입니다. ASR은 아키텍처 설계 결정의 명확한 근거이자 기반이 되며, 시스템의 성공에 결정적인 영향을 미칩니다.

2.2.1 ASR의 중요성: 전략적 설계의 나침반

ASR은 일반적인 기능 요구사항('무엇을 할 것인가?')과 달리, 시스템의 근본적인 뼈대(구성 요소, 관계 등)와 핵심 측면에 직접적인 영향을 주는 요구사항입니다. ASR은 다음과 같은 측면에서 전략적 설계의 나침반 역할을 합니다.

- **위험 감소 및 비용 절감**: 아키텍처에 중대한 영향을 미치는 요구사항을 프로젝트 초기에 식별하고 분석함으로써, 건축물의 뼈대를 바꾸는 것과 같은 후반부에 발생할 수 있는 대규모 변경이나 재작업 위험을 크게 줄일 수 있습니다.
- **전략적 설계 방향 설정 및 우선순위 부여**: ASR은 아키텍트가 제한된 자원 내에서 설계 과정의 우선순위를 정하고 집중할 핵심 요소를 명확히 제시합니다. 이는 아키텍처 결정이 비즈니스 목표와 일치하도록 보장합니다.
- **트레이드-오프의 핵심 기반**: ASR은 다양한 품질 속성 간의 상충 관계(트레이드-오프)를 찾고 결정하는 데 핵심 역할을 수행하며, 최종 시스템이 목표하는 품질 수준

을 달성하도록 보장하는 기준이 됩니다.

2.2.2 ASR의 분류와 특징

ASR은 그 특성에 따라 크게 세 가지 유형으로 분류할 수 있으며, 이들을 모두 고려해야 견고한 아키텍처를 설계할 수 있습니다.

1. **기능적 ASR**: 시스템의 핵심 기능 중 아키텍처에 중대한 영향을 미치는 요구사항입니다. 예를 들어, '실시간 데이터 처리'나 '복잡한 비즈니스 로직 처리'와 같이 특정 아키텍처 스타일(예: 이벤트 기반 아키텍처)이나 기술 선택을 강제하는 경우가 이에 해당합니다.
   - **특징**: 주로 시스템이 '무엇을 해야 하는가'와 관련되지만, 그 구현 방식이 시스템의 전체 구조에 핵심적인 영향을 미치는 경우 ASR로 간주됩니다.
2. **품질 속성 ASR**: 성능, 보안, 가용성, 확장용이성, 변경용이성 등 시스템의 비기능적 특성 중 핵심적인 것들을 의미합니다. 이러한 품질 속성들은 시스템의 '어떻게'에 대한 해답을 제시하며, 아키텍처 설계의 가장 큰 도전 과제 중 하나입니다. (2.3절에서 상세히 다룸)
   - **특징**: 사용자가 체감하는 시스템의 만족도에 직접적인 영향을 미치며, 아키텍처 패턴 및 기술 선택의 주요 동인이 됩니다.
3. **제약사항 ASR**: 예산, 개발 일정, 특정 기술 스택 사용 강제, 법적 규제 준수 등 아키텍처 설계의 선택지를 제한하는 외부 요인들입니다. (2.4절에서 상세히 다룸)
   - **특징**: 아키텍트가 통제할 수 없는 외부 요인이지만, 설계 가능한 범위를 명확히 설정하는 데 필수적인 정보입니다.

2.2.3 GPT를 활용한 ASR 도출 방법

GPT AI는 아키텍처 스토리와 같은 비정형 텍스트 정보로부터 ASR을 효율적으로 추출하고, 구조화하며, 숨겨진 요구사항까지 발굴하는 데 강력한 도움을 줍니다.

1. **초기 ASR 후보 목록 생성**: 아키텍처 스토리를 GPT AI에 제공하고, 기능, 품질 속성, 제약사항 카테고리별로 초기 ASR 후보 목록을 생성하도록 요청합니다. 이를 통해 방대한 스토리에서 핵심 요소를 신속하게 추출하고 분석 시간을 단축할 수 있습니다.

   프롬프트 예시

   "다음 아키텍처 스토리에서 시스템의 핵심 ASR(Architecturally Significant Requirements)을 도출해 줘. 기능적 ASR, 품질 속성 ASR, 제약사항 ASR로 분류하고 각각 3줄 이내로 간략히 설명해."

2. **숨겨진 요구사항 식별**: GPT AI에게 도메인 특성, 사용자 기대치, 산업 표준, 잠재적 리스크를 기준으로 스토리 속에 암묵적으로 존재하던 요구사항을 추론하도록 유도합니다. 예를 들어, ShopSmart와 같은 이커머스 플랫폼이라면 '결제 처리의 원자성', '재고 실시간 동기화', '개인 정보 보호 규정 준수'와 같은 요구사항을 AI가 제안할 수 있습니다. 이러한 통찰은 아키텍트의 시야를 넓혀 줍니다.

   프롬프트 예시

   "ShopSmart 이커머스 플랫폼의 특성을 고려했을 때, 앞서 도출된 ASR 외에 혹시 암묵적으로 중요하게 고려해야 할 ASR은 없을까? 특히 결제, 재고, 주문 관리, 사용자 개인 정보 보호 측면에서 예상되는 요구사항을 제안해 줘."

3. **ASR 명세화 초안 작성**: 아키텍트가 초기 ASR 후보와 AI가 발굴한 숨겨진 요구사항을 바탕으로 핵심 내용을 전달하면, GPT AI는 이를 보다 명확하고 완전한 문장으로 다듬거나, 표준화된 템플릿(예: 품질 속성 시나리오 템플릿)에 맞춰 명세서 초안을 작성하여 문서화 작업을 지원합니다. 이 과정에서 ASR의 모호성을 제거하고 구

체성을 확보할 수 있습니다.

프롬프트 예시

"ASR '결제 시스템은 1초 이내에 응답해야 한다'를 품질 속성 시나리오 형태로 구체화해 줘. 자극의 원천, 자극, 환경, 대상, 응답, 응답 측정 기준을 모두 포함하고, 측정 가능한 값으로 표현해."

2.3
품질 속성 분석 및 시나리오 구체화

품질 속성(Quality Attributes)은 비기능적 요구사항 중 시스템의 아키텍처 설계에 직접적이고 중대한 영향을 미치는 핵심 특성들입니다(예: 결제가 2초만에 완료되는 속도, 서비스가 다운되지 않는 안정성). 이들은 시스템이 기능적 요구사항을 '얼마나 잘' 수행하는지를 정의하며, 최종 사용자가 체감하는 시스템의 만족도(빠른 속도, 안정성 등)는 대부분 이 품질 속성에 의해 결정됩니다.

2.3.1 품질 속성의 개념: 시스템의 실질적 품질

품질 속성은 아키텍처 설계의 방향을 결정하고, 다양한 설계 대안들 사이의 상충 관계(트레이드-오프)를 평가하는 기준이 됩니다. 이 상충 관계가 바로 아키텍트의 전략적 의사결정 영역입니다. 주요 품질 속성들은 다음과 같습니다.

- **성능(Performance)**: 시스템의 응답 시간(latency), 처리량(throughput), 자원 활용률 등 시간과 관련된 특성을 의미합니다. 높은 성능 요구사항은 캐싱 전략, 비동기 통신, 데이터베이스 최적화, 분산 아키텍처 채택의 핵심 동인이 됩니다.
- **보안(Security)**: 데이터 기밀성, 무결성, 시스템 접근 제어, 부인 방지 등 인가되지 않은 접근이나 위협으로부터 시스템을 보호하는 특성입니다. 암호화 메커니즘, 강력한 인증/인가 시스템, 보안 감사 로깅, 침입 방지 시스템(IPS) 등의 설계를 결정합니다.

○ **확장용이성(Scalability)**: 사용자 수나 데이터 양, 트랜잭션 증가에 따라 시스템이 성능을 유지하며 원활하게 확장될 수 있는 능력입니다. 마이크로서비스 아키텍처, 데이터베이스 샤딩, 로드 밸런싱, 자동 확장(Auto-scaling), 메시지 큐 도입의 필요성을 제기합니다.

○ **가용성(Availability)**: 시스템이 장애 없이 정상적으로 운영되는 시간의 비율을 의미하며, 장애 발생 시 복구 목표 시간(RTO) 및 복구 시점 목표(RPO)가 중요합니다. 이중화, 클러스터링, 장애 조치(Failover), 재해 복구(DR) 전략, 무정지 배포(Zero-downtime deployment) 결정에 필수적입니다.

○ **변경용이성(Modifiability)**: 시스템의 수정, 개선, 확장, 새로운 기능 추가가 얼마나 용이한가 하는 특성입니다. 느슨한 결합, 높은 응집도, 모듈화 전략, API 기반 설계, 계층형 아키텍처, 마이크로서비스 아키텍처 등이 변경용이성을 높이는 아키텍처 특성입니다.

○ **테스트용이성(Testability)**: 시스템의 결함을 감지하기 위한 테스트를 얼마나 쉽고 효율적으로 수행할 수 있는지에 대한 특성입니다. 모듈 분리, 의존성 주입, 테스트 자동화 프레임워크 도입, Mock/Stub 활용 등에 영향을 줍니다.

○ **재사용성(Reusability)**: 시스템의 구성 요소나 기능이 다른 시스템이나 프로젝트에서 얼마나 재사용될 수 있는지에 대한 특성입니다. 컴포넌트 기반 아키텍처, 서비스 지향 아키텍처(SOA), 공통 라이브러리/모듈 개발과 관련이 깊습니다.

2.3.2 GPT를 활용한 품질 속성 시나리오 개발

'시스템은 안전해야 한다'와 같은 추상적인 품질 요구는 그 자체로는 구체적인 설계 지침이 되기 어렵습니다. 따라서 품질 속성을 '자극-응답-측정 기준 등의 6가지 요소를 포함하는 측정 가능한 검증 조건으로 표현하기 위해 품질 속성 시나리오(Quality Attribute Scenario)를 개발하는 것이 매우 중요합니다. 이는 GPT AI와의 협업에서도 핵심적인 프롬프트 구성 요소가 됩니다.

GPT AI는 이 시나리오를 구조화하고 다양한 대안을 생성하는 데 매우 유용합니다. 아키텍트는 GPT AI에게 '자극의 원천', '자극', '환경 조건', '대상 아티팩트', '시스템 응답', '응답 측정 기준'의 6가지 요소를 포함하도록 요청하여 구체적인 시나리오 초안을 생성할 수 있습니다.

품질 속성 시나리오 구성 요소 설명

- **자극의 원천(Source of Stimulus)**: 시나리오를 촉발하는 주체. (예: 최종 사용자, 개발자, 시스템 관리자, 악의적인 공격자, 외부 시스템)
- **자극(Stimulus)**: 시나리오를 시작하는 이벤트. (예: 사용자가 상품 검색, 데이터베이스 장애 발생, 해커의 침입 시도, 새로운 기능 요청)
- **환경 조건(Environment)**: 자극이 발생하는 시스템의 특정 상태. (예: 시스템이 정상 작동 중, 네트워크 부하가 높은 상태, 개발 환경, 유지보수 모드)
- **대상 아티팩트(Artifact)**: 자극의 영향을 받는 시스템의 부분. (예: 특정 마이크로서비스, 데이터베이스, 사용자 인터페이스)
- **시스템 응답(Response)**: 자극에 대한 시스템의 반응. (예: 검색 결과 반환, 서비스가 계속 운영됨, 침입 시도 차단 및 알림)
- **응답 측정 기준(Response Measure)**: 시스템 응답의 성공 여부를 판단하는 정량적 또는 정성적 기준. (예: 0.5초 이내 응답, 99.99% 가용성 유지, 10분 이내 복구)

프롬프트 예시

"ShopSmart 이커머스 플랫폼의 [성능] 품질 속성을 평가할 시나리오 2개를 개발해 줘. 각 시나리오는 (1) 자극 소스, (2) 자극, (3) 환경 조건, (4) 대상 아티팩트, (5) 시스템 응답, (6) 응답 측정 기준의 6가지 요소를 명확히 포함해야 해. 특히 최대 부하 시나리오와 일반 사용자 시나리오를 구분해서 만들어 줘."

2.4
제약사항 식별 및 최종 ASR 목록 검증

2.4.1 제약사항의 유형: 설계의 경계

제약사항(Constraints)은 시스템 설계 및 구현 과정에서 아키텍트가 반드시 준수해야 하는 설계 상의 제한 조건 또는 결정 사항들을 의미합니다. 이는 아키텍트가 선택할 수 있는 설계 대안의 범위를 한정하며, 때로는 특정 기술의 사용을 강제하거나 금지하여 아키텍처 결정에 직접적인 영향을 미칩니다.

○ **기술적 제약사항**: 특정 기술 스택(예: Python Flask 사용), 플랫폼(예: AWS 클라우드 활용 필수), 특정 라이브러리 사용, 기존 레거시 시스템과의 연동 요구사항, 특정 프로그래밍 언어 사용 등이 이에 해당합니다.

○ **비즈니스적 제약사항**: 프로젝트 예산 제한, 엄격한 개발 일정, 시장 출시 시기(Time-to-Market), 특정 비즈니스 파트너십 요구사항, 특정 서비스 제공자의 활용 강제 등 비즈니스 상황으로 인한 제한 조건입니다.

○ **조직적 제약사항**: 사내 기술 표준, 보안 정책, 개발팀의 숙련도, 인력 자원, 유지보수 역량 등이 아키텍처 선택에 영향을 줄 수 있습니다.

○ **법적 및 규제적 제약사항**: 개인정보보호법(예: GDPR, CCPA), 금융권 규제(예: PCI-DSS), 의료 정보 규제(예: HIPAA), 산업별 특수 규제 준수 요구사항 등 법적으로 강제되는 사항들입니다.

2.4.2 ASR 통합 및 일관성 검증: 트레이드-오프 관리

다양한 경로(아키텍처 스토리, 품질 속성 분석, 제약사항 식별)로 도출된 ASR들은 서로 충돌하거나 모순될 수 있습니다. 이러한 상충 관계를 **트레이드-오프(Trade-off)**라고 부르며, 아키텍처 설계에서 가장 중요한 의사결정 지점 중 하나입니다. GPT AI를 활용하여 ASR 목록의 일관성과 완전성을 검증하고, 특히 트레이드-오프 관계를 사전에 식별하여 해결책을 모색해야 합니다.

트레이드-오프 관리의 중요성

○ **현실적인 설계**: 모든 요구사항을 100% 만족시키는 완벽한 아키텍처는 현실적으로 불가능합니다(예: 성능을 높이면 비용이 늘고, 보안을 강화하면 사용편의성이 떨어짐). 트레이드-오프 관리는 비즈니스 목표와 제약 조건 내에서 가장 효과적인 최적의 균형점을 찾는 과정입니다.

○ **미래 예측**: 트레이드-오프 분석을 통해 특정 아키텍처 결정이 미래에 가져올 영향 (예: 성능을 높이기 위해 복잡한 분산 시스템을 도입하면 초기 개발 비용과 유지보수 복잡성 증가)을 예측하고 대비할 수 있습니다.

○ **이해관계자 합의**: 트레이드-오프는 다양한 이해관계자(성능 중시, 보안 중시, 비용 중시 등) 간의 의견 충돌 지점이 될 수 있습니다. 명확한 분석과 AI의 시뮬레이션 지원으로 합리적인 근거를 제시하여 합의를 이끌어 내는 데 활용합니다.

프롬프트 예시

"지금까지 도출된 ShopSmart ASR 목록을 분석하여, 잠재적인 충돌이나 논리적 모순이 있는지 면밀히 분석해 줘. 충돌이 발견되면 (1) 어떤 요구사항들이 충돌하는지, (2) 충돌의 구체적인 내용, (3) 이러한 충돌을 해결하기 위한 가능한 접근 방안 3가지를 제안하고 각 방안의 장단점을 설명해 줘."

GPT AI가 제시한 트레이드-오프 해결 방안(예: 성능 목표를 완화하거나 고성능 기술을 도입하여 일관성을 확보하는 방안)을 바탕으로, 아키텍트는 비즈니스 이해관계자와 협의하여 최종적인 전략적 판단을 내립니다. 이 과정에서 GPT AI는 단순히 대안을 제시하는 것을 넘어, 각 대안의 파급 효과와 잠재적 위험까지 예측하여 아키텍트의 의사결정을 강력하게 지원합니다.

## 제3장

GPT 기반 아키텍처 합성 및 가시화

3.1
아키텍처 합성: 무한한 가능성의 조합

아키텍처 합성은 아키텍처 설계의 핵심 단계로, 이해관계자의 요구사항과 시스템의 품질 속성 목표(ASR)를 만족시키기 위한 최적의 아키텍처 스타일, 구조, 전술 및 기술 스택을 식별하고 결합하는 과정입니다. 이 과정은 수많은 대안을 탐색하고, 복잡한 트레이드-오프를 분석하며, 창의적인 해결책을 찾아내는 고도의 지적 작업입니다. GPT AI는 이러한 아키텍처 합성 과정에서 아키텍트를 지원하는 강력한 보조 도구로, 정보 탐색 시간을 단축하고 다양한 대안을 생성하며 초기 설계를 가속화하는 데 기여합니다.

3.1.1 ASR 기반의 아키텍처 스타일 선정

아키텍처 스타일은 시스템의 큰 틀과 설계 철학을 결정하는 고수준의 설계 패턴으로 건축물의 양식 결정과 유사합니다. ASR은 아키텍처 스타일을 선택하는 데 가장 중요한 기준이 됩니다. GPT AI는 주어진 ASR을 바탕으로 적합한 아키텍처 스타일을 제안하고, 각 스타일의 장단점과 ASR 달성도를 분석하는 데 탁월한 능력을 발휘합니다.

프롬프트 예시: 아키텍처 스타일 제안

"우리 회사는 대규모 사용자 트래픽을 처리하고, 잦은 기능 변경이 있으며, 다양한 AI 서비스를 통합해야 하는 이커머스 플랫폼을 개발 중이야. 핵심 ASR은 다음과 같아:

1. **확장용이성**: 급증하는 사용자 트래픽과 서비스 확장에 유연하게 대응해야 함.

2. **변경용이성**: 시장의 빠른 변화에 맞춰 새로운 기능을 신속하게 개발하고 배포해야 함.

3. **가용성**: 24시간 365일 중단 없는 서비스를 제공해야 함.

4. **AI 서비스 통합 용이성**: 개인화 추천, 챗봇 등 다양한 AI 서비스를 유연하게 통합하고 발전시켜야 함.

이러한 ASR을 가장 효과적으로 충족시킬 수 있는 아키텍처 스타일 3가지를 제안해 줘. 각 스타일의 주요 특징, 장단점, 그리고 위 ASR을 얼마나 잘 달성할 수 있는지 구체적으로 분석해 줘."

GPT AI의 기여

GPT AI는 위와 같은 프롬프트를 통해 마이크로서비스 아키텍처, 서비스 기반 아키텍처(SOA), 모놀리식(Monolithic) 아키텍처 등을 제안하고, 각 스타일이 주어진 ASR에 어떻게 부합하는지 상세하게 분석한 보고서 초안을 제공할 수 있습니다. 예를 들어, 마이크로서비스 아키텍처가 '확장용이성', '변경용이성', 'AI 서비스 통합 용이성' 측면에서 높은 점수를 받을 수 있음을 설명하며, 각각의 구체적인 근거를 제시합니다. 이는 아키텍트가 초기 아키텍처 스타일을 선정하는 데 필요한 시간과 노력을 크게 절감시켜 줍니다.

3.1.2 품질 속성 전술 및 패턴 합성

아키텍처 스타일이 시스템의 큰 틀을 결정한다면, 아키텍처 전술(Tactic)은 특정 품질 속성(예: 성능, 보안)을 달성하기 위한 구체적인 설계 결정과 구현 방법을 의미합니다. 건축에 비유하자면 단열재 선택, 방범 시스템 설치, 방음 처리와 같은 '세부 공법'에 해당합니다. 전술은 보통 하나만으로 목표를 달성하기 어렵기 때문에, 여러 전술을 함께 조합해 품질 속성 목표를 만족시키는 것이 중요합니다. 또한 전술들은 일정한 형태로 묶여 재사용할 수 있는 설계 해법인 패턴(Pattern)으로 발전하기도 합니다. GPT AI는 주어진 품질 속성 목표를 달성하기 위해 필요한 전술 후보를 제안하고, 각 전술의 효과와 한계를 설명하며, 어떤 전술들을 함께 조합하면 좋은지까지 안내합니다. 이를 통해 설계자는 전술을 선정하고, 적절히 합성하여 시스템의 품질 목표를 실현할 수 있습니다.

프롬프트 예시: 성능 및 확장용이성 전술 제안

"우리는 마이크로서비스 아키텍처를 선택했고, '확장용이성'과 '성능'이 핵심 품질 속성이야. 이 두 가지 ASR을 달성하기 위한 구체적인 아키텍처 전술과 패턴 5가지를 제안해 줘. 각 전술이 어떻게 확장성과 성능을 향상시키는지 설명하고, ShopSmart와 같은 이커머스 플랫폼에 적용할 때 고려해야 할 사항을 덧붙여 줘."

GPT AI의 기여

GPT AI는 로드 밸런싱, 캐싱, 비동기 메시징(큐/스트림), 데이터베이스 샤딩, 서킷 브레이커 등의 전술을 제안하고, 각 전술이 분산 시스템에서 어떻게 확장성과 성능을 개선하는지 설명합니다. 또한, ShopSmart의 맥락에서 이 전술들을 적용할 때 발생할 수 있는 데이터 일관성 문제, 운영 복잡성 증가 등의 트레이드-오프를 함께 제시하여 아키텍트의 심층적인 의사결정을 돕습니다.

3.1.3 기술 스택 합성

특정 아키텍처 스타일과 전술을 결정한 후에는 이를 구현할 기술 스택을 선정해야 합니다. 마이크로서비스 아키텍처는 각 서비스의 특성에 맞는 최적의 기술을 선택할 수 있는 다중 언어 및 데이터 환경을 지원합니다. GPT AI는 ASR과 아키텍처 스타일에 부합하는 기술 스택을 제안하고, 각 기술의 장단점과 통합 방안을 분석하는 데 기여합니다.

프롬프트 예시: Polyglot 기술 스택 제안

"ShopSmart 마이크로서비스 아키텍처의 핵심 서비스들에 대한 기술 스택을 제안해 줘.

○ 핵심 비즈니스 로직 서비스(사용자, 주문, 상품): 안정성과 성능이 중요하며, REST API 개발에 적합해야 해.

○ AI 추천 서비스: 머신러닝 모델 개발 및 서빙에 최적화되어야 해.

○ 데이터베이스: 트랜잭션 일관성과 확장성을 모두 고려해야 해. 이러한 요구사항을 바탕으로 각 서비스에 적합한 프로그래밍 언어, 프레임워크, 데이터베이스를 최적의 기술 조합 관점에서 제안하고, 선택의 근거를 설명해 줘."

GPT AI의 기여

GPT AI는 핵심 비즈니스 로직 서비스에는 Java Spring Boot와 관계형 데이터베이스(PostgreSQL 등)를, AI 추천 서비스에는 Python Flask/FastAPI와 NoSQL 데이터베이스(Redis, MongoDB) 또는 ML 전용 데이터 스토어 등을 제안할 수 있습니다. 또한 각 기술 스택의 성능, 개발 생산성, 커뮤니티 지원 등의 장단점과 함께, 최적의 기술 조합 환경에서 발생할 수 있는 기술 통합의 복잡성이나 운영 부담 증가와 같은 트레이드-오프를 제시하여 아키텍트가 균형 잡힌 결정을 내리도록 돕습니다.

3.2
아키텍처 가시화: 설계의 시각적 소통

아키텍처 가시화(Visualization)는 추상적인 설계를 구체적인 다이어그램과 모델로 표현해 이해관계자가 시스템의 구조와 동작 방식을 명확히 이해할 수 있도록 돕는 과정입니다. 효과적인 가시화는 아키텍처 의사결정의 투명성을 높이고, 개발팀 간의 커뮤니케이션 오류를 줄이며, 시스템 전체에 대한 공통 이해를 형성하는 데 필수적입니다.

3.2.1 가시화의 중요성과 다이어그램 작성 원칙

명확하고 효과적인 아키텍처 다이어그램은 설계 오류를 조기에 발견하고 개발팀의 생산성을 높이는 데 기여합니다. 다이어그램의 주요 중요성은 다음과 같습니다.

- **정보 전달의 효율성 극대화**: 텍스트만으로는 이해하기 어려운 시스템의 전체 구조, 구성 요소 간의 관계, 데이터 흐름 등을 한눈에 파악할 수 있게 합니다.
- **설계 검토 및 피드백 촉진**: 다이어그램은 설계에 대한 구체적인 검토를 용이하게 하고, 이해관계자로부터 명확한 피드백을 받아 설계를 신속하게 개선하는 데 도움을 줍니다.
- **시스템 이해도 증진**: 개발팀 온보딩, 새로운 기능 구현 시 시스템을 이해하는 핵심 문서이자 교육 자료로 활용됩니다.

성공적인 다이어그램 작성을 위해서는 몇 가지 기본 원칙을 따라야 합니다.

1. **일관성**: 동일한 요소는 동일한 표기법과 형태로 표현하고 여러 다이어그램 간에도 일관된 용어를 사용해야 합니다.

2. **추상화 수준**: 다이어그램의 목적과 독자에 따라 적절한 추상화 수준을 유지해야 합니다. 너무 상세하거나 너무 추상적이지 않도록 주의해야 합니다.

3. **명확성**: 불필요한 정보는 제거하고, 전달하고자 하는 핵심 메시지를 직관적인 레이아웃과 색상 사용으로 명확하게 보여 줍니다.

4. **표준 표기법**: UML(Unified Modeling Language)과 같은 널리 인정받는 표준 표기법을 사용하여 다이어그램의 이해도를 높이는 것이 좋습니다.

3.2.2 아키텍처 뷰(View)의 종류와 역할

앞서 다이어그램 작성의 기본 원칙을 살펴보았습니다. 이제 시스템의 복잡성을 효과적으로 관리하고, 다양한 이해관계자에게 설계 의도를 정확히 전달하기 위해 시스템을 여러 관점에서 바라보는 방법, 즉 '아키텍처 뷰'를 정의합니다. 아키텍처 뷰는 시스템의 복잡성을 관리하고 다양한 이해관계자의 관점을 반영하여 아키텍처를 설명하는 데 사용되는 특정 관점의 다이어그램 집합입니다. 아래 5가지 뷰는 전체 시스템을 비전부터 인프라까지 다각도로 이해하는 데 필수적입니다.

○ **개념 뷰(Conceptual View)**: 최종 사용자나 비즈니스 분석가 등 비기술적인 이해관계자를 대상으로 하며, **시스템이 무엇을 하는지**에 초점을 맞춥니다. 사용자(Actor)와 주요 비즈니스 기능 간의 관계를 유스케이스 다이어그램 등으로 보여 줍니다.

○ **논리 뷰(Logical View)**: 개발자나 설계자 등 기술적인 이해관계자가 **기능적 요구사항이 어떻게 내부적으로 구현**되는지 이해하는 데 중점을 둡니다. 주요 도메인 객체, 클래스, 패키지 및 이들 간의 논리적 관계를 클래스 다이어그램이나 패키지 다이어그램으로 나타냅니다.

○**프로세스 뷰(Process View)**: 시스템의 동적인 측면, 즉 런타임 시 **동시성, 분산, 성능** 등을 어떻게 달성하는지 보여 줍니다. 런타임 엔티티(프로세스, 스레드)와 데이터 흐름을 시퀀스 다이어그램 등으로 표현합니다.

○**구현 뷰(Implementation View)**: 개발자 관점에서 시스템의 **정적인 코드 구조**를 이해하고 관리하는 데 사용됩니다. 실제 구현될 소프트웨어 컴포넌트, 모듈, 인터페이스 및 의존성을 컴포넌트 다이어그램으로 보여 줍니다.

○**배포 뷰(Deployment View)**: 운영 및 인프라 담당자 대상이며, 시스템이 **물리적 하드웨어에 어떻게 배포**되고 실행되는지를 설명합니다. 물리적 노드와 그 위에 배포되는 소프트웨어 아티팩트의 연결을 디플로이먼트 다이어그램으로 표현합니다.

3.2.3 GPT AI를 활용한 다이어그램 협업 혁신

복잡한 아키텍처 다이어그램을 GUI 기반 도구로 그리는 방식은 시간이 많이 들고 버전 관리가 어렵습니다. 이러한 문제를 해결하기 위해 다이어그램을 코드로 생성하는 'Diagrams as Code' 방식이 각광받고 있습니다. 이 방식은 텍스트 기반이므로 Git과 같은 버전 관리 시스템에 통합하기 용이하고, 변경 이력 관리가 쉬워 팀 협업에 매우 효과적입니다. 특히 GPT AI는 텍스트를 이해하고 생성하는 특성상, PlantUML과 Mermaid 같은 'Diagrams as Code' 언어와 결합할 때 협업 효율성이 극대화됩니다.

다이어그램을 코드로 그리는 도구: PlantUML과 Mermaid

'Diagrams as Code' 방식은 여러 도구로 구현할 수 있으며, 그중에서도 **PlantUML**과 **Mermaid**가 가장 널리 사용됩니다. **PlantUML**은 단순한 텍스트 기반 언어로 복잡한 시스템 구조나 시퀀스 다이어그램을 빠르게 표현할 수 있습니다. 개발자가 익숙한 형식으로 작성할 수 있어 코드 버전 관리와 문서화에 모두 유리합니다. **Mermaid**는 웹 환경에 친화적인 오픈소스 도구로, Markdown 문서나 위키 내에서 손쉽게 다이어그램을 시각화할 수 있습니다. Git 기반 협업에 특히 적합하며, GPT AI가 생성한 구조적 설명을 시각적으로 검증할 때도 유용합니다.

PlantUML

그림 3-1은 PlantUML로 작성된 다이어그램 코드 예시이고, 그림 3-2는 그림 3-1의 코드를 온라인 도구로 가시화한 PlantUML 다이어그램 예시입니다. PlantUML 도구의 장점과 활용 방안은 다음과 같습니다.

○장점:

- 클래스, 시퀀스, 유스케이스, 컴포넌트, 배포 등 거의 모든 UML 다이어그램을 지원합니다.
- 다양한 테마와 확장 기능을 통해 유연한 표현이 가능합니다.
- 별도의 설치 없이 온라인 서버(plantuml.com)를 통해서도 즉시 렌더링 가능하며, VS Code, IntelliJ 등 대부분의 IDE에서 플러그인을 통해 통합되어 사용됩니다.
- AWS, Azure, Google Cloud 등 클라우드 아이콘 라이브러리를 포함하여 클라우드 아키텍처 다이어그램을 쉽게 그릴 수 있습니다.

○**활용**: 복잡한 UML 다이어그램, 특히 컴포넌트 간의 의존성과 시스템의 내부 구조와 관계를 상세히 표현해야 할 때 강력합니다.

```
@startuml
package "Frontend" {
  [Web UI]
  [Mobile App]
}
package "Backend" {
  [API Gateway]
  [Order Service]
}
[Web UI] --> [API Gateway]
[Mobile App] --> [API Gateway]
[API Gateway] --> [Order Service]
@enduml
```

[그림 3-1] PlantUML 코드 예시: 컴포넌트 다이어그램

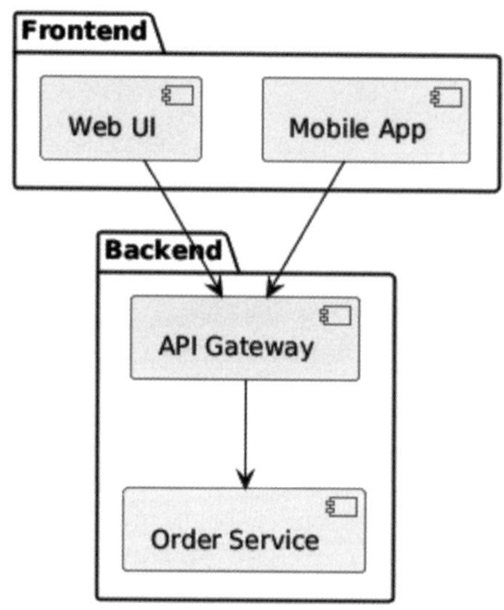

[그림 3-2] PlantUML 코드로 생성된 컴포넌트 다이어그램 예시

프롬프트 예시

"다음 요구사항에 맞는 전자상거래 시스템의 컴포넌트 다이어그램을 PlantUML 코드로 작성해.

○사용자는 웹 UI와 모바일 앱을 통해 시스템에 접근.

○모든 요청은 API 게이트웨이를 통과.

○시스템은 사용자, 상품, 주문 기능을 독립적인 마이크로서비스로 제공.

○각 서비스는 자체 데이터베이스를 가짐."

프롬프트 설계 시, GPT에게 다이어그램의 종류, 컴포넌트 이름, 관계, 그리고 출력 형식을 명확히 지정하는 것이 중요합니다. 다음은 GPT AI가 생성한 PlantUML 코드 생략하고 PlantUML온라인 에디터로 가시화한 응답 예시입니다.

GPT AI 응답 예시

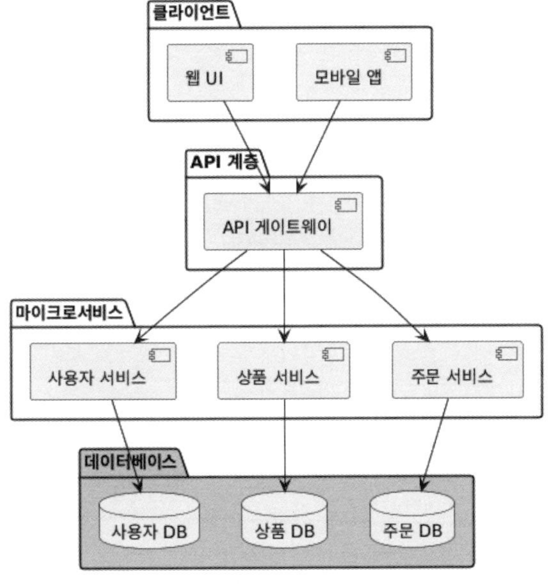

[그림 3-3] PlantUML 코드로 생성된 전자상거래 컴포넌트 다이어그램 예시

Mermaid

그림 3-4는 Mermaid로 작성된 다이어그램 코드 예시이고, 그림 3-5는 그림 3-4의 코드를 온라인 도구로 가시화한 Mermaid 다이어그램입니다. Mermaid 도구의 장점과 활용 방안은 다음과 같습니다.

○ 장점:

- 간단한 문법으로 빠르게 다이어그램을 생성할 수 있어 학습 곡선이 낮습니다.
- 웹 브라우저 환경에서 쉽게 렌더링되며, GitHub 마크다운, Notion, Jira 등 많은 웹 기반 문서 도구에서 기본적으로 지원합니다.
- 흐름도, 시퀀스, 클래스, ERD, Gantt 차트 등 다양한 다이어그램 유형을 지원합니다.

○ **활용**: 문서에 다이어그램을 빠르게 삽입하거나, 비기술 직군과의 협업 시 이해하기 쉬운 다이어그램을 만들 때 유용합니다.

```
graph TD
    A[사용자 로그인] --> B{인증 성공?};
    B -->|Yes| C[대시보드 표시];
    B -->|No| D[오류 메시지 표시];
```

[그림 3-4] Mermaid 예시 코드

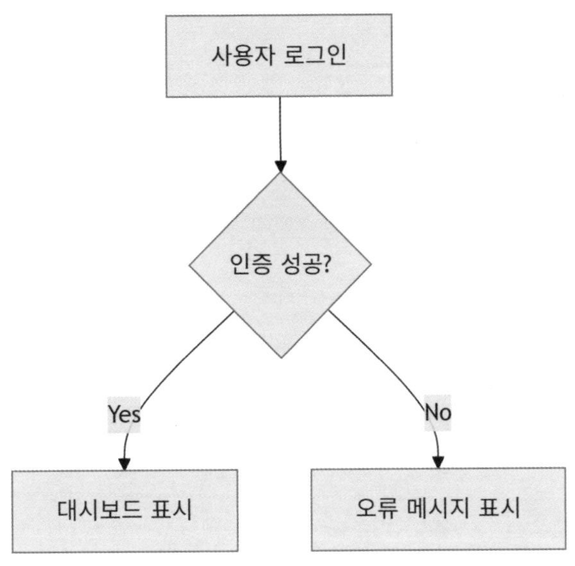

[그림 3-5] Mermaid 코드로 생성된 다이어그램 예시

프롬프트 예시

"다음 인증 프로세스를 Mermaid 흐름도로 표현해 줘.

1. 사용자가 ID/PW를 입력.

2. 시스템이 자격 증명을 검증.

3. 성공 시 JWT 토큰을 생성하고 대시보드로 이동.

4. 실패 시 오류 메시지를 표시."

다음은 GPT AI가 생성한 Mermaid 코드를 가시화한 예시입니다.

GPT AI 응답 예시

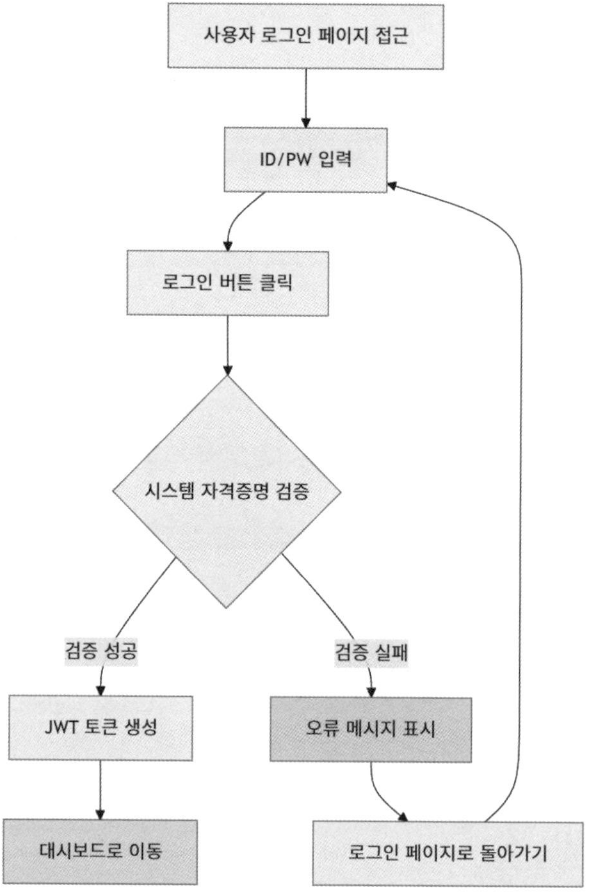

[그림 3-6] Mermaid 코드로 생성된 인증 프로세스 다이어그램 예시

프롬프트 예시: ShopSmart 컴포넌트 뷰 생성(구현 뷰)

"다음 ShopSmart 마이크로서비스 시스템의 컴포넌트 뷰를 PlantUML 코드로 생성해 줘. 이 뷰는 각 서비스 컴포넌트와 그들 간의 API 호출 및 메시징 연동을 보여 주는 구현 뷰의 일종이야.

○ **컴포넌트 목록**: API Gateway, 사용자 서비스, 상품 서비스, 주문 서비스, 결제 서

비스, 추천 서비스, Kafka(메시지 브로커), 데이터베이스(관계형), 데이터베이스(NoSQL)

○주요 관계:

• 사용자는 API Gateway를 통해 모든 서비스에 접근

• API Gateway는 사용자 서비스, 상품 서비스, 주문 서비스, 결제 서비스, 추천 서비스로 요청 라우팅

• 주문 서비스는 상품 서비스의 재고를 확인하고, 결제 서비스에 결제를 요청

• 사용자 서비스, 상품 서비스, 주문 서비스는 관계형 데이터베이스 사용

• 추천 서비스는 NoSQL 데이터베이스에서 사용자 행동 로그를 읽고, Kafka를 통해 이벤트 발행

• 주문 서비스는 Kafka를 통해 주문 완료 이벤트 발행

• 결제 서비스는 Kafka를 통해 결제 완료/실패 이벤트 발행

○각 컴포넌트의 주체(Actor) 명시: 사용자"

GPT AI의 기여

GPT AI는 아키텍트가 제공한 정보들을 종합하여 PlantUML 형식의 다이어그램 코드를 생성합니다. 이 코드를 사용하면 손쉽게 시각적인 컴포넌트 뷰를 얻을 수 있으며, 이는 초기 설계 단계에서 팀원 간의 구조적 이해를 돕고, 피드백을 빠르게 반영하여 설계를 개선하는 데 활용될 수 있습니다.

3.2.4 UML 다이어그램 유형 및 GPT 활용

앞서 아키텍처 뷰(View)를 통해 시스템을 다각도로 바라보는 관점을 정의했다면, UML 다이어그램은 이 관점들을 구체적인 설계도로 표현하기 위한 표준 표기법입니다. GPT AI는 텍스트로 정의된 아키텍처 스케치나 구체적인 설명을 바탕으로, PlantUML,

Mermaid와 같은 다이어그램 언어의 코드를 생성하는 데 매우 강력하게 활용될 수 있습니다.

1. 구조 다이어그램(Structural Diagrams)

시스템의 정적인 구조를 표현하며, 주요 구성 요소와 그들 간의 관계를 보여 줍니다.

○ **클래스 다이어그램(Class Diagram)**: (주로 **논리 뷰**를 표현)

- **내용**: 시스템의 클래스, 인터페이스, 객체, 그리고 그들 간의 관계(상속, 구현, 연관, 의존)를 보여 줍니다. 객체 지향 설계의 핵심 다이어그램입니다.
- **목적**: 개발자가 시스템의 상세 설계 및 코드 구현에 필요한 클래스 구조를 이해하고 설계하는 데 도움을 줍니다.
- **GPT 활용**: 특정 컴포넌트의 기능적 ASR을 기반으로 핵심 클래스, 인터페이스, 메서드 시그니처를 설계하고 코드 초안을 생성하는 데 활용합니다.
- **[프롬프트 예시]**

  "ShopSmart '주문 서비스' 내 'OrderService' 컴포넌트에 대한 핵심 UML 클래스 다이어그램을 PlantUML 코드로 생성해 줘. OrderService 클래스와 OrderRepository 인터페이스, 그리고 Order(Entity) 클래스를 포함하고, 주요 메서드(createOrder, getOrder, cancelOrder)와 속성을 정의해 줘."

○ **컴포넌트 다이어그램(Component Diagram)**: (주로 **구현 뷰**를 표현)

- **내용**: 시스템의 물리적 구성 요소(컴포넌트)와 그들 간의 의존성 및 관계를 보여 줍니다. 각 컴포넌트는 인터페이스를 통해 서비스를 제공하거나 사용합니다.
- **목적**: 시스템의 물리적 아키텍처를 이해하고, 모듈화 전략 및 재사용 가능한 컴포넌트를 식별하는 데 도움을 줍니다.
- **GPT 활용**: 마이크로서비스 아키텍처에서 각 서비스를 컴포넌트로 간주하고, 서비

스 간의 인터페이스 및 의존성을 정의하는 데 활용합니다.

- **[프롬프트 예시]**

"ShopSmart 플랫폼의 주요 서비스(컴포넌트)인 '사용자 서비스', '상품 서비스', '주문 서비스', '결제 서비스' 간의 UML 컴포넌트 다이어그램을 PlantUML 코드로 생성해 줘. 각 서비스의 주요 제공 인터페이스와 의존성을 표현해."

○ **패키지 다이어그램(Package Diagram)**: (주로 **논리 뷰**를 표현)

- **내용**: 시스템의 논리적인 구조를 추상화하여 패키지(네임스페이스, 디렉터리, 라이브러리 등) 간의 종속성을 보여 줍니다. 패키지는 관련 요소들의 그룹입니다.
- **목적**: 대규모 시스템의 복잡성을 관리하고, 아키텍처의 계층 구조나 모듈 간의 논리적 분리를 시각화하여 전반적인 시스템 구조를 이해하는 데 도움을 줍니다.
- **GPT 활용**: 시스템의 주요 도메인 또는 기능 영역을 패키지로 정의하고, 패키지 간의 논리적 의존성을 분석하고 시각화하는 데 활용합니다.
- **[프롬프트 예시]**

"ShopSmart 이커머스 시스템의 백엔드를 위한 UML 패키지 다이어그램을 Plant-UML 코드로 생성해 줘. 'com.shopsmart.core', 'com.shopsmart.user', 'com.shopsmart.product', 'com.shopsmart.order', 'com.shopsmart.payment' 패키지를 포함하고, 각 패키지 간의 주요 의존성을 표현해."

○ **배포 다이어그램(Deployment Diagram)**: (주로 **배포 뷰**를 표현)

- **내용**: 시스템의 물리적 하드웨어 노드(서버, 클라우드 인스턴스, 네트워크 장비)에 소프트웨어 아티팩트(컴포넌트, 애플리케이션)가 어떻게 배치되고 실행되는지를 보여 줍니다.
- **목적**: 시스템의 물리적 인프라 구성을 이해하고, 가용성, 성능, 확장성, 재해 복구 전략을 시각적으로 설명하는 데 필수적입니다.

- **GPT 활용**: 아키텍처의 물리적 배포 계획을 설명하고, 이를 배포 다이어그램 코드로 변환하도록 요청합니다. AWS, Azure, GCP 등 클라우드 환경의 경우 해당 아이콘 라이브러리를 활용하도록 요청할 수 있습니다.
- **[프롬프트 예시]**

  "ShopSmart 플랫폼의 AWS 클라우드 **UML 배포 다이어그램을 PlantUML 코드**로 생성해 줘. 웹/모바일 클라이언트, ALB, EC2 인스턴스(API Gateway, Microservices), RDS, SQS, S3, Lambda 등을 포함하고, 이들 간의 네트워크 연결 및 데이터 흐름을 표현해."

2. 행위 다이어그램(Behavioral Diagrams)

시스템의 동적인 행위와 상호작용을 표현합니다.

○ **시퀀스 다이어그램(Sequence Diagram)**: (주로 **프로세스 뷰**를 표현)

- **내용**: 시스템 내 객체(서비스, 컴포넌트) 간의 시간 순서에 따른 메시지 교환을 보여 줍니다. 특정 유스케이스나 트랜잭션 흐름을 이해하는 데 매우 효과적입니다.
- **목적**: 특정 기능이 수행되는 과정에서 각 컴포넌트가 어떻게 상호작용하는지, 메시지 흐름은 어떻게 되는지 상세히 분석하고 설계하는 데 활용합니다.
- **GPT 활용**: 특정 사용자 여정(예: "상품 구매")에 대한 설명을 제공하고, 이 흐름을 시퀀스 다이어그램 코드로 변환해 달라고 요청합니다.
- **[프롬프트 예시]**

  "ShopSmart에서 고객이 상품을 검색하고, 장바구니에 담고, 결제하는 과정에 대한 UML 시퀀스 다이어그램을 Mermaid 코드로 생성해 줘. 고객, 웹/모바일 앱, 상품 서비스, 장바구니 서비스, 결제 서비스 간의 상호작용을 표현해."

3.2.5 GPT를 활용한 다이어그램 코드 생성 및 최적화

GPT AI는 텍스트로 정의된 아키텍처 스케치나 구체적인 설명을 바탕으로, PlantUML, Mermaid와 같은 다이어그램 언어의 코드를 생성하는 데 매우 강력하게 활용될 수 있습니다.

1. 다이어그램 코드 생성: 텍스트 설명이나 ASR 목록을 입력으로 주어 직접 다이어그램 코드를 생성하도록 요청합니다. 이는 아키텍트가 수동으로 다이어그램을 그리는 시간을 크게 절약해 줍니다.

- **[프롬프트 예시]**
  "ShopSmart 결제 시스템의 백엔드 흐름을 설명하는 시퀀스 다이어그램을 Mermaid 코드로 생성해 줘. (1) PaymentService가 PaymentGatewayService에 결제 요청, (2) PaymentGatewayService는 외부 PG사에 결제 요청, (3) PG사로부터 응답 수신, (4) PaymentGatewayService가 PaymentService에 응답 전달."

2. 코드 수정 및 최적화: 생성된 다이어그램 코드를 검토하고, 필요한 경우 GPT AI에게 특정 요소를 추가하거나, 레이아웃을 최적화하거나, 다른 스타일로 변경해 달라고 요청하여 다이어그램의 품질을 높일 수 있습니다. 이는 아키텍트가 직접 코드를 작성하는 시간을 절약하게 해 줍니다.

- **[프롬프트 예시]**
  "이 PlantUML 배포 다이어그램 코드에서 'EC2: 결제 API' 노드 옆에 'Auto Scaling Group'을 추가하고, 'RDS: 결제 DB'를 Master-Slave 구성으로 표현해 줘."

3. 다이어그램 설명 추가: 생성된 다이어그램 코드와 함께 다이어그램이 나타내는 의미, 주요 특징, 설계 결정에 대한 설명을 GPT AI에게 생성하도록 요청하여 문서화를 돕습니다.

3.3
아키텍처 문서화: 설계의 흔적을 남기다

아키텍처 문서화는 설계된 아키텍처에 대한 정보를 체계적으로 기록하고 관리하는 과정입니다. 이는 단순한 다이어그램 모음이 아니라, 아키텍처 의사결정의 배경, 설계의 이유, 주요 트레이드-오프, 그리고 특정 ASR을 만족시키기 위한 설계 요소 등을 포함하는 포괄적인 정보 집합입니다. 잘 문서화된 아키텍처는 시스템의 이해도를 높이고, 유지보수를 용이하게 하며, 미래의 변화에 유연하게 대응할 수 있도록 돕습니다.

3.3.1 아키텍처 문서화의 핵심 요소

효과적인 아키텍처 문서는 다음과 같은 핵심 요소들을 포함해야 합니다.

○ **개요 및 목적**: 시스템의 비즈니스 목표, 아키텍처가 해결하고자 하는 문제, 그리고 문서의 독자층 및 목적을 명확히 설명합니다. 핵심 ASR 요약도 포함될 수 있습니다.

○ **아키텍처 뷰 다이어그램**: 시스템의 다양한 측면을 보여 주는 다이어그램(UML 클래스, 컴포넌트, 시퀀스, 배포, 패키지 다이어그램 등)과 각 뷰에 대한 상세한 설명을 포함합니다. 각 뷰가 어떤 ASR을 만족시키는지 명시하면 좋습니다.

○ **아키텍처 의사결정 기록(ADR: Architecture Decision Record)**: 주요 설계 결정(예: 특정 기술 스택 선택, 아키텍처 패턴 결정)과 그 결정의 배경, 고려했던 대안, 발생할 수 있는 트레이드-오프, 최종 결정 및 그에 따른 영향 등을 기록합니다. ADR은 시간이 지나도 설계 의도를 파악할 수 있게 해 줍니다.

○**기술 스택 및 표준**: 사용된 주요 기술 스택(프레임워크, 라이브러리, 데이터베이스, 클라우드 서비스)과 그 선택 이유를 명시하고, 프로젝트에서 준수해야 할 코딩 표준이나 개발 가이드를 포함합니다.

○**주요 인터페이스 및 API 명세**: 시스템 내부 및 외부의 주요 인터페이스와 API 명세를 포함하여, 다른 시스템과의 연동 및 모듈 간 통신 방식을 명확히 합니다.

○**품질 속성 목표 및 검증 계획**: 각 ASR(특히 품질 속성)에 대한 구체적인 목표치(예: 응답 시간 1초 이내)와 이를 어떻게 검증할 것인지(성능 테스트 계획 등)에 대한 정보를 포함합니다.

○**제약사항 및 가정**: 설계에 영향을 미치는 기술적, 비즈니스적, 조직적, 법적 제약사항과 설계 과정에서 세웠던 주요 가정을 기록합니다. 이는 설계의 한계와 유효성을 이해하는 데 필수적입니다.

3.3.2 GPT를 활용한 문서화 자동화 및 개선

GPT AI는 아키텍처 문서화 과정에서 문서 초안을 생성하고, 의사결정 기록을 체계화하며, 기존 문서를 개선하는 데 크게 기여할 수 있습니다.

1. 문서 초안 생성: 정의된 ASR, 선택된 아키텍처 스타일, 각 뷰의 다이어그램 스케치 등을 바탕으로 아키텍처 문서의 전체적인 초안을 생성하도록 요청할 수 있습니다. 이는 아키텍트가 문서 작성을 시작하는 데 드는 초기 노력을 크게 줄여 줍니다.

• **[프롬프트 예시]**

"ShopSmart 이커머스 플랫폼의 아키텍처 문서를 작성해 줘. 다음 내용을 포함해야 해: 1. 시스템 개요 및 비즈니스 목표, 2. 핵심 ASR 요약, 3. 선택된 아키텍처 스타일 (마이크로서비스 아키텍처) 및 그 이유, 4. 주요 마이크로서비스 컴포넌트 설명, 5.

간단한 배포 전략 요약. 각 섹션은 5~7줄로 설명해."

2. 아키텍처 의사결정 기록 작성: 특정 설계 결정에 대한 정보(문제, 결정 배경, 고려했던 대안, 장단점, 최종 결정 및 그에 따른 영향)를 제공하면, GPT AI는 이를 ADR 표준 형식에 맞춰 체계적으로 정리해 줄 수 있습니다.

- **[프롬프트 예시]**

"ShopSmart에서 '상품 검색 서비스'의 데이터베이스로 NoSQL(Elasticsearch)을 사용하기로 결정했어. 이유는 '초고속 검색 성능'과 '유연한 스키마 변경 용이성' 때문이야. 대안으로 RDBMS(PostgreSQL)도 고려했지만, 대규모 전문 검색 기능과 확장성 요구사항을 맞추기 어려웠어. 이 내용을 ADR 형식으로 작성해 줘."

3. 문서 품질 개선 및 검토: GPT AI에게 기존 문서의 명확성, 일관성, 완전성 등을 검토하고 개선할 부분을 제안하도록 요청할 수 있습니다. 또한, 특정 독자층(예: 신규 개발자)을 위한 요약본이나 특정 주제에 대한 상세 설명을 추가하는 데 활용하여 문서의 가독성과 활용도를 높일 수 있습니다.

- **[프롬프트 예시]**

"내가 작성한 ShopSmart 아키텍처 문서 초안을 검토해 줘. 특히 (1) 기술 용어 설명이 충분한지, (2) 각 섹션 간의 논리적 흐름이 자연스러운지, (3) 누락된 중요 정보는 없는지 확인하고 개선 방안을 제안해 줘."

## 제4장

GPT 기반 아키텍처 평가 및 개선

4.1
아키텍처 평가의 개념과 중요성

아키텍처 평가(Evaluation)는 설계 결과물이 실제로 유효한지를 체계적으로 검증하는 단계입니다. 이는 설계에 대한 비판적 사고의 출발점으로 소프트웨어 아키텍처의 강점과 약점을 식별하고, 잠재적인 위험을 조기에 발견하며, 품질 속성 간의 트레이드-오프(Trade-off)를 명확히 하여 더 나은 의사결정을 지원하는 핵심 활동입니다.

아키텍처 평가의 핵심 가치

1. **위험 감소 및 비용 절감**: 평가는 변경 비용이 가장 저렴할 때인 초기 설계 단계에 수행되어야 하며, 구현 단계에서 치명적인 설계 결함을 조기에 발견해 수정 비용을 크게 절감합니다.
2. **품질 속성 검증**: 아키텍처가 핵심 품질 속성(성능, 확장용이성, 보안 등)을 실제로 충족하는지를 검증하고, 상충하는 품질 속성 간 균형 잡힌 트레이드-오프를 통해 최적의 설계를 유도합니다.
3. **이해관계자 공통 이해 형성**: 평가 과정을 통해 아키텍처의 강점과 약점에 대해 모든 이해관계자가 공통의 이해를 구축하고 설계에 대한 신뢰를 높입니다.

GPT AI는 이 복잡한 평가 과정에서 방대한 지식을 기반으로 정보 통합자, 시나리오 분석가, 보고서 초안 작성자 역할을 수행합니다. GPT AI는 평가 결과를 체계적으로 정리해 아키텍트가 심층적인 통찰을 얻고 최종 의사결정을 내릴 수 있도록 지원하는 '지능형 증폭기' 역할을 합니다. (GPT AI는 정보를 제공할 뿐, 무엇을 포기할지 결정하지 않습니다.)

4.2
GPT를 활용한 아키텍처 평가

ATAM(Architecture Tradeoff Analysis Method)은 성능, 보안, 가용성처럼 서로 충돌할 수 있는 품질 속성 간의 트레이드-오프를 체계적으로 분석하는 평가 방법입니다. 이해관계자 워크숍을 통해 주요 품질 속성을 도출하고, 각 속성을 위협하는 설계 위험요소를 식별한 뒤, 여러 대안을 비교해 어떤 선택이 전체 품질에 어떤 영향을 주는지를 평가합니다. 이는 건축에서 구조 안정성, 단열, 채광처럼 서로 영향을 주는 요소들의 균형을 맞추는 과정과 유사합니다.

반면 SAAM(Software Architecture Analysis Method)은 사용 시나리오와 변경 시나리오를 활용해 아키텍처가 변화에 얼마나 유연하게 대응할 수 있는지, 즉 변경용이성을 중심으로 평가합니다. 기능 추가나 요구사항 변경이 발생했을 때 어느 부분이 영향을 받고 얼마나 많은 수정이 필요한지를 분석하여 장기적인 유지보수성을 판단합니다. 이는 리모델링할 때 벽 하나를 뜯기 위해 집 전체를 손대야 하는지, 아니면 특정 공간만 교체하면 되는지를 미리 점검하는 과정과 비슷합니다.

GPT AI는 이러한 ATAM과 SAAM을 적용할 때 필요한 시나리오 도출, 품질 속성 분석, 대안 정리 등의 작업을 자동화해 평가의 효율성과 심층도를 크게 높입니다. 이를 통해 평가 팀의 자료 분석 및 시나리오 작성 부담이 줄어들고, 아키텍트는 분석 결과의 해석과 전략적 의사결정에 더욱 집중할 수 있습니다.

4.2.1 ATAM 활용 강화

ATAM은 품질 속성 간의 트레이드-오프 분석에 중점을 둔 정형화된 방법론입니다. GPT AI는 유틸리티 트리 생성부터 핵심 산출물 도출까지 전체 과정을 지원합니다.

○ **유틸리티 트리 구성 및 시나리오 우선순위 부여**: GPT AI는 ASR을 기반으로 품질 속성 요구사항을 계층적으로 구체화하고, 비즈니스 중요도와 기술적 위험도를 할당한 유틸리티 트리의 초안을 생성하여 평가의 초점을 명확히 합니다.

- **[프롬프트 예시: ATAM 유틸리티 트리 생성]**
  "ShopSmart의 ASR을 기반으로 ATAM 유틸리티 트리를 생성해 줘. 특히 '결제 시스템 장애 시 대체 경로 제공' 시나리오에 대해, 비즈니스 중요도(H/M/L)와 기술적 위험(H/M/L)을 할당하여 평가 우선순위를 정해 줘."

○ **평가 보고서 초안 작성 및 민감점 도출**: GPT AI에게 ASR, 아키텍처 모델, 그리고 평가 시나리오를 명확히 제시하면, AI는 ATAM 분석 결과를 바탕으로 트레이드-오프, 위험(Risks)이 포함된 평가 보고서 초안을 자동으로 작성합니다.

- **[프롬프트 예시: ATAM 보고서 초안 생성]**
  "ShopSmart의 '마이크로서비스' 아키텍처 모델과 '피크 부하 시 결제 응답 시간 1초 이내' ASR 시나리오를 기반으로 ATAM 평가 보고서 초안을 작성해 줘. (1) 'Redis 캐시 크기'와 '응답 시간' 사이의 **민감점**을 분석하고, (2) '최종 일관성' 선택에 따른 **트레이드-오프** 결과를 설명하며, (3) '단일 인증 서버'가 초래하는 **잠재적 위험 요소를** 식별해 줘."

4.2.2 SAAM 활용 심화

SAAM은 아키텍처의 **변경용이성(Modifiability)**과 모듈화를 평가하는 데 중점을 둡니다. GPT AI는 SAAM의 핵심인 상호작용 분석을 자동화하여 기존 시스템의 문제점을 데이터 기반으로 진단합니다.

○ **변경용이성 시나리오 자동 생성**: SAAM 평가에 필요한 **기능, 수정, 장애 시나리오** 초안을 GPT AI에게 요청하여 개발 시간을 획기적으로 단축할 수 있습니다.

○ **상호작용 가중치 분석 및 기대 응답 보강**: SAAM 평가에서 변경용이성을 저해하는 핵심 요소는 여러 변경 시나리오에 의해 영향을 받는 '상호작용 가중치'가 높은 컴포넌트입니다. GPT AI는 이 가중치를 계산하고 분석하여 재설계 우선순위를 데이터로 증명합니다. 이는 곧, 가장 자주 변경될 가능성이 높아 시스템 전체를 불안하게 만드는 핫스팟 컴포넌트를 찾는 과정입니다.

• **[프롬프트 예시: SAAM 상호작용 분석]**

"ShopSmart 아키텍처의 12개 시나리오와 7개 컴포넌트 매핑 테이블을 바탕으로, 각 컴포넌트의 상호작용 가중치를 계산하고, 가중치가 가장 높은 컴포넌트가 변경용이성에 미치는 영향을 분석해 줘."

GPT AI의 분석 결과 – 상호작용 가중치 예시:

GPT AI는 분석 결과를 다음과 같은 목록 형식으로 제공하며, 아키텍트의 의사결정을 돕습니다.

1. 상호작용 가중치 계산 결과:

○ **주문 서비스**: 가중치 7(가장 높음). '결제 요청', '재고 확인', '알림 발행' 등 대부분의 핵심 시나리오에 관여하여 변경의 파급 효과가 매우 큽니다.

○**상품 서비스**: 가중치 5. 주로 상품 정보 조회 및 재고 업데이트 시나리오에 관여합니다.

○**알림 서비스**: 가중치 2(가장 낮음). 독립성이 높아 변경에 가장 유연합니다.

2. 변경용이성 영향 분석:

○**주문 서비스 재설계 필요성**: 주문 서비스는 가장 높은 가중치를 보이므로, 신규 결제 수단 추가나 주문 로직 변경 시 시스템 전반에 걸쳐 영향이 확산될 위험이 높습니다. 이는 ASR-M001(신규 기능 2주 이내 개발/배포) 달성을 저해하는 주요 요인이 됩니다.

○**개선 권고**: 주문 서비스의 책임을 세분화하거나, 이벤트 기반 아키텍처(EDA)를 통해 동기적 의존성을 비동기적으로 전환하여 결합도를 낮추는 **전략적 재설계**가 필요합니다.

　ATAM과 SAAM을 통해 평가가 완료되면, 아키텍트의 역할은 다음 단계로 전환됩니다. 평가 결과 GPT AI은 설계의 **민감점**과 **잠재적 위험**, 그리고 **트레이드-오프** 지점을 명확히 식별합니다. 이제 이 정보를 바탕으로 아키텍처를 능동적으로 **개선**하고, 식별된 위험을 제거하기 위한 **구체적인 대안 아키텍처**를 탐색할 차례입니다. 4.3절에서는 이처럼 GPT AI가 도출한 분석 결과를 활용하여 최적의 개선 전략을 수립하는 방법을 다룹니다.

4.3
GPT AI를 활용한 아키텍처 개선

GPT AI는 아키텍처 평가 방법론을 넘어 설계와 ASR을 분석해 사람이 놓칠 수 있는 숨겨진 위험을 식별하고, 이에 대한 구체적 완화 전략과 개선 방안을 제안하는 컨설턴트 역할을 수행함으로써 아키텍처의 진화를 돕습니다.

4.3.1 잠재적 위험 요소 분석 및 완화 방안 제안

GPT AI에게 특정 아키텍처의 설계와 ASR을 제시하면, AI는 방대한 설계 패턴 지식을 기반으로 잠재적인 위험 요소를 분석하고 구체적 완화 방안을 제안합니다.

- **[프롬프트 예시: 위험 요소 및 트레이드-오프 식별]**

  "ShopSmart 아키텍처는 API Gateway를 통해 모든 요청이 유입되고, 모든 마이크로서비스(Microservice)는 자체 데이터베이스를 사용하는 마이크로서비스 아키텍처야. 가용성과 데이터 일관성 측면에서 다음을 분석해 줘. (1) API 게이트웨이가 초래하는 잠재적인 단일 장애점(SPOF) 위험을 설명하고, (2) '주문 생성' 시나리오에서 '주문 서비스'와 '재고 서비스' 간의 데이터 일관성 트레이드-오프를 분석해 줘. 각 위험에 대한 완화 방안 두 가지를 제시해야 해."

GPT AI의 위험 요소 분석 결과

○ **위험 요소 1: 단일 장애점(API Gateway)**

- **분석**: 모든 서비스로의 입구 역할을 하므로, 게이트웨이 자체가 장애를 겪으면 시스템 전체가 멈추는 SPOF가 됩니다.
- **완화 방안**: 1. 다중화 및 로드 밸런싱을 통한 SPOF 제거. 2. 회로 차단기(Circuit Breaker) 패턴 적용으로 특정 서비스 장애 전파를 차단합니다.

○ **트레이드-오프 2: 데이터 일관성(분산 트랜잭션)**

- **분석**: 비동기적으로 재고 차감 및 주문 정보 저장이 이루어지면서 성능은 향상되지만, 일시적인 데이터 불일치가 초래되는 트레이드-오프가 발생합니다.
- **완화 방안**: 1. SAGA 패턴 적용을 통해 실패 시 보상 트랜잭션을 구현하여 최종 일관성을 보장합니다. 2. 이벤트 소싱(Event Sourcing)을 통해 모든 변경 이력을 이벤트 스트림으로 관리하여 데이터 투명성을 높입니다.

4.3.2 아키텍처 개선 및 신기술 도입 검토

GPT AI는 아키텍처 변경 시 발생하는 영향도 분석 및 신기술 통합 전략 분석을 지원하여 아키텍트의 의사결정 폭을 넓혀줍니다.

○ **대안 아키텍처 및 패턴 탐색**: GPT AI는 현재 아키텍처의 문제점(예: 데이터 일관성 문제)을 해결하기 위한 대안 스타일이나 패턴(예: Event-Driven Architecture, SAGA 패턴)을 제안하고, 각 대안의 장단점, 비용, 복잡성을 신속하게 비교 분석합니다.

○ **신기술 도입 검토 및 통합 전략**: 새로운 기술(Service Mesh, AI 모델 등) 도입 시, GPT AI는 해당 기술의 특징, 기존 아키텍처와의 통합 방안, 그리고 예상되는 트레

이드-오프를 분석하여 아키텍트가 정보에 기반한 결정을 내릴 수 있도록 돕습니다.

- **[프롬프트 예시: 대안 아키텍처 비교]**
  "Event-Driven Architecture(EDA)와 Choreography SAGA 패턴을 ShopSmart에 적용했을 때, '성능', '확장성', '개발 복잡성', '데이터 일관성' 측면에서 장단점을 비교 분석해 줘."

4.4
워킹 스켈레톤 코드 생성

평가와 개선을 거쳐 최종 검증된 아키텍처 모델은 이제 구현 단계로 넘어갑니다. 이 과정에서 GPT AI는 워킹 스켈레톤(Walking Skeleton) 코드를 생성하여 설계 의도를 구현에 반영하고 개발 속도를 가속화하는 핵심적인 역할을 수행합니다. 워킹 스켈레톤은 시스템의 전체적인 구조와 아키텍처적 약속을 최소한의 기능으로 구현하여 "끝에서 끝까지(End-to-End)" 작동하는 뼈대를 의미합니다.

4.4.1 아키텍처적 약속과 프롬프트 설계

워킹 스켈레톤의 목적은 단순한 코드 생성이 아니라, 시스템의 핵심적인 아키텍처적 약속과 규약을 코드로 구현하여 개발팀이 이를 따르도록 유도하는 데 있습니다. 아키텍트는 이 코드가 곧 협업의 공식적인 규약임을 명시해야 합니다. 따라서 GPT AI에게 스켈레톤 코드를 요청할 때, 아키텍트는 서비스 간 통신 방식, 공통 모듈 사용, 데이터베이스 접근 패턴 등 이러한 '아키텍처적 약속'을 구체적이고 명시적으로 정의해야 합니다.

- **[프롬프트 예시: 워킹 스켈레톤 코드 생성]**

"ShopSmart '주문 서비스'의 Spring Boot 기반 워킹 스켈레톤 코드를 생성해 줘. 다음 아키텍처적 약속을 반드시 포함해야 해: (1) '재고 서비스'로의 비동기 메시지(Kafka) 발행 로직, (2) 외부 '결제 서비스'로의 Resilience4j 기반 회로 차단기(Circuit Breaker) 적용 동기 REST API 호출, (3) 모든 API 요청에 대한 **JWT 기반의 인증 필**

터 설정."

4.4.2 GPT가 제공하는 '안전한 놀이터'

GPT AI가 생성한 워킹 스켈레톤은 개발팀이 아키텍처의 기반 구현에 드는 노력을 제거하고 실제 비즈니스 로직 구현에만 집중할 수 있는 '안전한 놀이터' 역할을 제공합니다. 이는 개발 속도 가속화뿐만 아니라, 시스템 전반의 코드 품질 일관성을 유지하고 신규 개발자의 온보딩 학습 자료로 활용되는 중요한 역할을 합니다.

4.5
GPT AI의 한계와 아키텍트의 최종 책임 심화

AI 시대에도 최종 책임은 인간에게 있습니다. GPT AI는 아키텍트의 생산성을 획기적으로 높여 주는 강력한 설계 판단 파트너이지만, 시스템의 성공은 결국 AI의 한계를 이해하고 이를 비판적으로 검토하는 인간 아키텍트의 최종 책임 영역에 달려 있습니다. 이것이 바로 **"코딩은 AI가, 설계는 개발자가"**라는 슬로건의 본질입니다.

4.5.1 GPT AI의 환각, 편향, 정보의 최신성 문제에 대한 비판적 검토

아키텍트는 GPT AI가 제시하는 분석 결과를 무비판적으로 수용해서는 안 됩니다. 특히 '평가 및 개선' 단계에서 다음과 같은 AI의 한계를 염두에 두어야 합니다.

1. **환각(Hallucination) 및 오류 검증**: GPT AI는 존재하지 않는 기술 패턴이나 잘못된 정보를 진실처럼 유창하게 제시할 수 있습니다. 아키텍트는 GPT AI가 제시한 솔루션의 실제 구현 가능성, 기술 문서의 정확성, 그리고 기술 스택의 최신 버전 호환성을 반드시 검증해야 합니다.

2. **편향(Bias) 및 주류 의존성 탈피**: GPT AI는 훈련 데이터에서 가장 자주 등장하는 주류(主流) 아키텍처 패턴만을 선호할 가능성이 높습니다. 아키텍트는 GPT AI의 제안이 조직 문화, 팀의 역량, 도메인 특수성 등 AI가 이해하기 어려운 정성적 요소에 적합한지 능동적으로 판단해야 합니다.

4.5.2 인간 아키텍트의 전략적 역할과 최종 책임

GPT AI는 분석을 제공하지만, '무엇을 포기할 것인가'에 대한 전략적 의사결정과 최종 책임 명확화는 인간 아키텍트의 고유 영역입니다.

1. **비판적 사고와 도메인 통찰**: GPT AI는 기술적 분석은 제공하지만, 비즈니스 목표, 조직 내 기술 부채의 특수성, 예산 제약, 이해관계자 간의 복잡한 조율 등 정성적 요소는 이해하지 못합니다. 아키텍트는 AI의 분석 결과에 이러한 도메인 통찰을 결합하여 최적의 경로를 선택해야 합니다.

2. **트레이드-오프에 대한 책임 있는 선택**: GPT AI는 트레이드-오프의 목록과 분석을 제공할 뿐, 궁극적으로 '무엇을 포기하고 무엇을 얻을 것인가'에 대한 최종 선택은 아키텍트의 몫입니다. 시스템의 성공과 실패에 대한 최종 책임은 인간 아키텍트에게 귀속되며, 이는 아키텍트의 고유한 역할입니다.

## 제5장

성능 및 보안 최적화

5.1
상충하는 품질 속성, 균형의 미학

소프트웨어 아키텍처에서 **성능(Performance)**과 **보안(Security)**은 시스템 성공을 좌우하는 핵심 품질 속성입니다. 고객 경험의 만족도는 빠른 응답 속도와 직결되고, 비즈니스 신뢰는 강력한 보안에 기반합니다. 그러나 이 두 가지 품질 속성은 종종 서로 상충하는 관계에 놓이기도 합니다. 예를 들어, 모든 데이터에 고도의 암호화를 적용하면 보안은 강화되지만, 암복호화 과정으로 인해 시스템 성능은 필연적으로 저하될 수 있습니다. 이처럼 하나를 얻기 위해 다른 하나를 잃는 것이 트레이드-오프의 본질입니다.

AI 시대의 아키텍트는 GPT AI와 같은 강력한 도구를 활용해 성능과 보안이라는 두 마리 토끼를 잡기 위한 최적의 균형점을 찾아야 합니다. 이 챕터에서는 성능과 보안 최적화를 위한 핵심 아키텍처 전술들을 깊이 있게 다룹니다. 또한 GPT AI가 이러한 전술의 선택과 적용 과정에서 아키텍트를 어떻게 지원할 수 있는지 구체적인 프롬프트 예시와 함께 제시합니다. 또한, 성능과 보안 간의 트레이드-오프를 인지하고 실제 의사결정을 내리는 실전 가이드를 제공합니다.

5.2
성능 최적화

성능은 시스템이 주어진 시간 내에 얼마나 많은 작업을 처리하고 얼마나 빠르게 응답하는지를 나타내는 품질 속성입니다. 특히 이커머스 플랫폼과 같이 사용자 인터랙션이 빈번한 시스템에서는 찰나의 지연도 사용자 이탈로 이어질 수 있으므로, 성능 최적화는 매우 중요합니다.

5.2.1 성능 최적화 핵심 전술과 GPT AI 활용

성능 최적화를 위한 다양한 아키텍처 전술들이 존재하며, GPT AI는 각 전술의 적용 방안과 예상 효과를 분석하는 데 유용한 설계 판단 파트너가 됩니다.

전술 1: 캐싱(Caching)

- **정의**: 자주 접근하는 데이터나 계산 결과를 빠른 임시 저장소(캐시)에 보관하여, 동일한 요청이 왔을 때 느린 원본 데이터 소스에 접근하지 않고 캐시에서 바로 응답함으로써 응답 속도를 향상시키는 전술입니다.
- **실전 가이드**: 캐싱은 데이터 조회 빈도가 높고, 데이터 변경 주기가 비교적 긴 데이터(예: 상품 정보, 카테고리 목록, 인기 상품 목록, AI 추천 결과)에 효과적입니다. 캐시 무효화 전략(TTL, LFU, LRU 등)을 신중하게 선택해야 데이터 일관성 문제가 발생하지 않습니다.
- **구체적 구현 사례(ShopSmart: 개인화 추천 서비스)**: ShopSmart의 개인화 추천 서

비스는 사용자별 맞춤 추천 결과를 제공합니다. 이 결과는 AI 모델 추론에 시간이 소요되므로, 사용자 경험 향상을 위해 캐싱이 필수적입니다.

- **문제 상황**: 로그인한 사용자에게 개인화 추천 목록을 보여 줄 때마다 AI 모델을 호출하면 응답 시간이 길어져 ASR-P001(개인화 추천 API 0.5초 이내 응답) 달성이 어렵습니다.

- **[프롬프트 예시]**

"ShopSmart의 개인화 추천 서비스는 로그인 사용자에게 매번 맞춤형 추천 결과를 제공해야 해. ASR-P001(0.5초 이내 응답)을 달성하기 위한 캐싱 전략을 제안해 줘. 특히 사용자별 추천 결과 캐싱 방안, 캐시 무효화 전략, 그리고 AWS Redis를 활용한 구현 방안을 구체적으로 설명하고, 캐싱 적용 시의 성능 향상 예상치와 데이터 신선도 저하 트레이드-오프를 분석해 줘."

- **GPT AI 답변(요약 및 의사결정 과정)**:

  - **전략 제안**: 사용자 ID를 키로 하여 개인화 추천 결과를 Redis에 캐싱하는 **"User-specific Cache"** 전략.

  - 캐시 무효화:

    1. **TTL(Time-to-Live)**: 15분~30분 정도로 설정하여 일정 시간 후 자동 만료. (신선도 트레이드-오프)

    2. **Event-Driven Invalidation**: 사용자의 구매, '찜하기', 검색 등 행동 데이터가 변경되거나, AI 모델이 재학습되어 업데이트될 때, 해당 사용자 ID의 캐시를 즉시 무효화하는 이벤트를 발행.

  - **AWS Redis 활용 구현**: AWS Redis를 사용하여 고가용성, 고성능 캐시 클러스터 구축.

  - **성능 향상 예상치**: 캐시 히트율(Cache Hit Rate) 90% 가정 시, 평균 응답 시간은 모델 추론 시간(예: 1초)이 캐시 조회 시간(예: 50ms)으로 대체되어 약 90%의 요청에서 95% 이상 성능 향상 예상.

■ **트레이드-오프 결정**:

1. 데이터 신선도 vs. 성능: TTL 설정은 데이터 신선도를 일부 희생하는 대신 성능을 극대화함. ShopSmart에서는 개인화 추천 결과가 즉시 바뀌어야 할 만큼 실시간성이 중요하지 않다고 판단, TTL 15분은 허용 가능한 수준의 트레이드-오프임. 대신 사용자 행동 발생 시 즉시 무효화하여 주요 변경 사항은 빠르게 반영.

2. 구현 복잡성 vs. 성능: Event-Driven Invalidation은 구현이 복잡하지만, 중요한 행동 변화 시 사용자 경험을 해치지 않고 최신 추천을 제공하므로 장기적으로 선택.

○잘못된 예시 vs. 좋은 예시(캐시 무효화)

- **잘못된 예시**: 모든 추천 결과를 24시간 캐싱하고 수동으로만 무효화.

  ■ **문제점**: 데이터 신선도가 너무 낮아 사용자의 최근 관심사를 반영하지 못하고, 수동 무효화는 운영 부담을 가중하며 실수를 유발할 가능성.

- **좋은 예시**: TTL과 Event-Driven Invalidation을 혼합 사용하여 성능과 신선도 간의 균형점을 찾음.

전술 2: 비동기 처리(Asynchronous Processing)

○**정의**: 시간이 오래 걸리거나 즉각적인 응답이 필요 없는 작업을 주 흐름과 분리하여 백그라운드에서 처리함으로써, 사용자에게 빠른 응답을 제공하고 시스템 리소스를 효율적으로 사용하는 전술입니다.

○**실전 가이드**: 시간이 오래 걸리거나 즉각적인 응답이 필요 없는 작업(예: 이미지 리사이징, 이메일/SMS 발송, 대량 데이터 일괄 처리, AI 모델 재학습 등)에 적합합니다. 메시지 큐(Message Queue)나 이벤트 스트림(Event Stream)을 활용하여 구현합니다.

○**구체적 구현 사례(ShopSmart: 주문 처리 후 알림 발송)**: ShopSmart에서 고객이 주문을 완료하면, 주문 확인 이메일/SMS 발송, 물류 시스템 연동, 재고 감소 처리 등

여러 후속 작업이 필요합니다.

- **문제 상황**: 주문 완료 API가 이 모든 작업을 동기적으로 처리하면 응답 시간이 길어져 사용자가 결제 후 오래 기다려야 합니다.

- **[프롬프트 예시]**

"ShopSmart의 주문 완료 API는 결제 후 즉시 고객에게 응답해야 하지만, 주문 확인 이메일/SMS 발송, 재고 감소, 물류 시스템 연동 등 여러 후속 작업이 필요해. 이 작업들을 비동기 처리로 전환하기 위한 아키텍처 설계 방안을 제안해 줘. AWS SQS 또는 Kafka를 활용한 메시징 시스템 구축, 장애 발생 시 재시도(Retry) 전략, 그리고 최종 일관성(Eventual Consistency) 모델에 대한 설명을 포함해 줘."

- **GPT AI 답변(요약 및 의사결정 과정)**:

  - **전략 제안**: 주문 서비스가 'Order Placed' 이벤트를 메시지 브로커(Kafka)에 발행하고, 알림 서비스, 재고 서비스, 물류 서비스가 이 이벤트를 구독하여 각자의 후속 작업을 비동기적으로 처리하는 이벤트 기반 아키텍처(EDA).

  - **AWS SQS/Kafka 활용**: ShopSmart는 대규모 이벤트 스트리밍 처리가 필요하므로 Apache Kafka(AWS MSK)를 선택.

  - **재시도 전략**: 각 구독 서비스는 메시지 처리 중 실패할 경우, 데드 레터 큐(Dead Letter Queue, DLQ)로 보내고, 일정 시간 후 재처리하거나 수동 개입.

  - **최종 일관성**: 이 방식은 모든 후속 작업이 즉시 완료되지 않고, 약간의 시간차를 두고 완료되는 최종 일관성을 가집니다. 주문 완료 후 바로 알림이 오지 않는 '찰나의 지연'은 비즈니스적으로 허용 가능하다고 판단, 빠른 응답 시간이라는 이점과 트레이드-오프.

  - **트레이드-오프 결정**:

  1. 즉시 일관성 vs. 성능/확장성: 비동기 처리는 즉시 일관성을 포기하는 대신, 주문 완료 API의 응답 시간을 획기적으로 단축하고 각 서비스의 독립적인 확장성을 보장. ShopSmart의 경우, 결제 후 알림이 1~2초 지연되는 것보다 결제 완료 화면

이 빠르게 뜨는 것이 사용자 경험에 더 중요하다고 판단하여 최종 일관성을 수용.

전술 3: 데이터베이스 최적화(병목 현상 제거)

- ○ **정의**: 데이터베이스 스키마 설계, 쿼리 작성, 인덱스 생성, 데이터베이스 설정 등을 최적화하여 데이터 조회 및 저장 성능을 향상시키는 전술입니다.

- ○ **실전 가이드**: 잘못된 쿼리, 인덱스 부재, 비정규화 문제 등은 데이터베이스를 시스템의 핵심 병목 지점으로 만들 수 있습니다. 데이터베이스 모니터링을 통해 느린 쿼리를 식별하고 개선하는 것이 중요합니다.

- ○ **구체적 구현 사례(ShopSmart: 대규모 상품 검색 최적화)**: ShopSmart는 수백만 개의 상품 데이터를 가지고 있으며, 다양한 조건(카테고리, 가격, 브랜드, 리뷰 점수)으로 실시간 검색이 가능해야 합니다.

- • **문제 상황**: 관계형 데이터베이스(RDBMS)만으로는 복잡한 검색 쿼리의 성능이 저하되어, ASR-P001(검색 응답 0.5초 이내) 달성이 어렵습니다.

- • **[프롬프트 예시]**

  "ShopSmart는 수백만 개의 상품에 대해 다양한 필터(카테고리, 가격대, 브랜드, 리뷰 평점)를 적용하는 실시간 검색 기능을 제공해야 해. RDBMS만으로는 성능 한계가 명확하여 ASR-P001 달성이 어려워. 이 문제를 해결하기 위한 데이터베이스 최적화 전술과 적합한 AWS 기반 기술 스택 조합을 제안해 줘. 특히 'Polyglot Persistence' 관점에서 RDBMS의 한계를 극복할 방안과 트레이드-오프 분석을 포함해 줘."

- • **GPT AI 답변(요약 및 의사결정 과정)**:

  - ■ **전략 제안**: 엘라스틱서치(Elasticsearch)를 활용한 전용 검색 엔진 구축. RDBMS는 핵심 상품 정보의 트랜잭션 관리에 사용하고, 검색에 필요한 데이터는 Elasticsearch로 동기화.

  - ■ **기술 스택**:

    1. **RDBMS(AWS Aurora PostgreSQL)**: 상품의 원본 데이터, 재고, 가격 등 트랜잭

션 무결성이 중요한 데이터 저장.

2. Elasticsearch(AWS OpenSearch Service): 상품의 검색 가능한 필드들을 인덱싱하여 빠른 전문 검색 및 필터링 제공.

3. Kafka(AWS MSK): RDBMS의 데이터 변경 이벤트를 Elasticsearch로 실시간 동기화.

■ **트레이드-오프 분석**:

1. 단일 DB 단순성 vs. 검색 성능/확장성: Polyglot Persistence 전략은 데이터베이스 아키텍처의 복잡성을 증가시키지만(운영의 복잡성), RDBMS의 검색 성능 한계를 극복하고 대규모 검색 트래픽에 대한 확장성을 보장. ShopSmart에서는 검색이 핵심 기능이므로, 이 복잡성을 감수하고 검색 성능을 우선.

2. 데이터 일관성 모델: RDBMS와 Elasticsearch 간의 데이터는 '최종 일관성(Eventual Consistency)'을 가짐. 즉, 상품 정보가 변경되면 Elasticsearch에 반영되기까지 미세한 지연이 발생할 수 있음. 이는 검색 결과의 실시간성과 트레이드-오프 관계에 있으나, 비즈니스적으로 허용 가능한 지연으로 판단.

3. 의사결정 과정: 단일 RDBMS의 쿼리 튜닝 및 인덱스 최적화로는 ASR-P001 달성이 어려울 것으로 판단. 대신 Elasticsearch 도입으로 검색 성능을 획기적으로 개선하고, Kafka를 통한 비동기 동기화로 데이터 일관성 지연을 최소화하는 방안을 선택. 운영 복잡성은 AWS Managed Service(OpenSearch, MSK) 활용으로 완화.

기타 성능 최적화 전술

○**코드 최적화**: 알고리즘 개선, 불필요한 연산 제거, 적절한 자료구조 사용 등.

○**로드 밸런싱(Load Balancing)**: 여러 서버에 트래픽을 분산하여 단일 서버 부하를 줄이고 가용성을 높임.

○**자원 관리**: 컨테이너 자원(CPU, Memory) 할당 최적화, 불필요한 프로세스 제거.

5.2.2 성능 최적화 트레이드-오프 결정 실전 가이드

성능 최적화는 종종 다른 품질 속성(비용, 보안, 개발 복잡성)과 트레이드-오프 관계에 있습니다. 아키텍트는 이러한 트레이드-오프를 인지하고 최적의 결정을 내려야 합니다.

○ [실제 어떻게 결정하나]

1. **ASR 우선순위 확인**: 모든 성능 요구사항을 최상으로 달성하려 하면 비용이 기하급수적으로 증가합니다. 가장 중요한 ASR에(예: 핵심 API 응답 시간) 집중하고, 덜 중요한 부분은 합리적인 수준에서 타협합니다.

2. **병목 현상 식별**: 프로파일링 도구, 모니터링 시스템을 사용하여 실제 병목 현상이 어디서 발생하는지 정확히 파악합니다. 추측에 기반한 최적화는 리소스 낭비로 이어질 수 있습니다.

3. **점진적 개선**: 모든 성능 전술을 한 번에 적용하기보다, 가장 큰 효과를 낼 수 있는 전술부터 점진적으로 적용하고 효과를 측정합니다.

4. **[프롬프트 예시]**

"ShopSmart의 개인화 추천 서비스는 현재 ASR-P001(0.5초 이내 응답)을 달성했지만, 추천 모델의 실시간 재학습 주기를 24시간에서 1시간으로 단축하려해. 이 변경이 성능(응답 속도), 비용(인프라), 데이터 신선도에 미치는 영향을 분석하고, 각 요소 간의 트레이드-오프를 상세히 설명해 줘. 이 트레이드-오프 상황에서 ShopSmart 아키텍트가 최종 결정을 내리기 위한 전략적 고려사항 체크리스트를 제공해 줘."

• **GPT AI 답변(체크리스트 예시):**

■ **비즈니스 가치**: 1시간 단위 재학습이 24시간 재학습 대비 얼마나 큰 구매 전환율 증가를 가져올 것인가? (ROI 분석)

- **예상 비용 증가**: 추가 GPU 리소스, 데이터 파이프라인 확장 등으로 인한 월별 예상 클라우드 비용.

- **성능 영향**: 1시간 단위 재학습 중에도 추천 서비스 응답 시간 ASR-P001 유지가 가능한가? 모델 서빙 지연 최소화 방안은?

- **데이터 엔지니어링 복잡성**: 실시간 데이터 파이프라인의 복잡성 증가 및 운영 부담.

- **대안 탐색**: 완전한 1시간 재학습 외에, '중요 사용자 그룹만 1시간 재학습'과 같은 부분적 도입 방안은 없는가?

5.3
보안 최적화

보안은 시스템 전 계층에 영향을 미치는 핵심 품질 속성입니다. GPT AI는 보안 요구 사항을 분석해 위협 모델링·인증/인가·데이터 보호 전술 등 다양한 보안 전략을 제안합니다.

5.3.1 보안 최적화 핵심 전술과 GPT AI 활용

보안 최적화를 위한 다양한 아키텍처 전술들이 있으며, GPT AI는 잠재적 보안 위협을 식별하고 적절한 방어 전략을 수립하는 데 도움을 줄 수 있습니다.

전술 1: 인증(Authentication) 및 인가(Authorization) - 접근 제어의 기본
- **정의:**
  - **인증**: 사용자가 '당신이 누구인지'를 신원을 확인하는 과정(예: ID/PW, 생체 인식).
  - **인가**: 인증된 사용자가 '무엇을 할 수 있는 권한이 있는지' 부여하는 과정(예: 관리자 권한, 일반 사용자 권한).
- **실전 가이드**: 강력한 인증 메커니즘(다단계 인증, OAuth2/OIDC)을 도입하고, 최소 권한 원칙(Principle of Least Privilege)에 따라 사용자 및 서비스의 인가 범위를 엄격하게 제한해야 합니다.
- **구체적 구현 사례(ShopSmart: 마이크로서비스 간 통신 보안)**: ShopSmart는 마이크로서비스 아키텍처를 사용하므로, 서비스 간의 안전한 통신이 중요합니다.

- **문제 상황**: 마이크로서비스 간 직접 통신 시, 각 서비스가 상대방의 신원을 어떻게 확인하고 적절한 권한이 있는지 어떻게 판단할 것인가?

- **[프롬프트 예시]**

  "ShopSmart 마이크로서비스 아키텍처에서 서비스 A가 서비스 B를 호출할 때, 서비스 간 안전한 인증 및 인가 전략을 설계해 줘. 특히 AWS 환경에서 IAM Role 기반의 권한 부여와 API Gateway를 통한 중앙 집중식 관리 방안을 포함하고, JWT(JSON Web Token) 활용 시의 장단점과 트레이드-오프를 설명해 줘."

- **GPT AI 답변(요약 및 의사결정 과정):**

  - **전략 제안:**

    1. **클라이언트-API Gateway**: JWT 기반 사용자 인증/인가.

    2. **API Gateway-마이크로서비스**: API Gateway가 JWT를 검증 후, 서비스별 IAM Role 기반의 임시 자격 증명(STS)을 마이크로서비스 호출 시 전달.

    3. **마이크로서비스 간**: 내부 서비스는 AWS VPC 내에서 IAM Role 기반으로 최소 권한을 부여하여 직접 통신. 또는 서비스 메쉬(Service Mesh, Istio/AWS App Mesh)를 통해 mTLS(Mutual TLS)로 암호화된 통신 및 정책 기반 인가.

  - **JWT 장단점:**

    1. **장점**: 확장성, 분산 환경 용이, 무상태(stateless) 서버 가능.

    2. **단점**: 토큰 탈취 시 위험, 토큰 만료 전까지 권한 회수 어려움.

  - **트레이드-오프 결정:**

    1. **단순성 vs. 강력한 보안/관리**: 서비스 메쉬 도입은 복잡하지만 강력한 보안과 중앙 집중식 정책 관리를 제공. 초기에는 IAM Role과 API Gateway를 중심으로 구축하고, 서비스가 증가함에 따라 서비스 메쉬 도입을 고려.

전술 2: 데이터 암호화(Data Encryption) - 정보 보호의 최전선

○ **정의**: 데이터를 암호화하여 인가되지 않은 접근으로부터 보호하는 전술입니다.

○ **실전 가이드**: 데이터는 전송 중 암호화(Encryption in Transit)와 저장 중 암호화(Encryption at Rest)를 통해 모두 보호되어야 합니다. 민감도에 따라 암호화 강도를 조절하고, 키 관리 시스템(KMS)을 사용하여 암호화 키를 안전하게 관리합니다.

○ **구체적 구현 사례(ShopSmart: 고객 민감 정보 암호화)**: ShopSmart는 고객의 개인 식별 정보(PII)와 결제 정보(예: 카드 번호)를 다룹니다. ASR-S002(모든 고객 민감 정보 암호화)는 법적 의무이자 고객 신뢰의 기반입니다.

- **문제 상황**: 고객의 민감 정보가 데이터베이스에 평문으로 저장되거나, 네트워크 전송 중 노출될 위험이 있습니다.

- **[프롬프트 예시]**

"ShopSmart 결제 서비스에서 고객의 민감한 결제 정보(PII)를 안전하게 보호하기 위한 데이터 암호화 전략을 설계해 줘. '전송 중 암호화'와 '저장 데이터 암호화' 두 가지 측면에서 AWS KMS, RDS(Aurora), S3 등의 서비스를 활용한 구체적인 방안과 함께, PCI-DSS 준수를 위한 아키텍처적 고려사항을 포함해 줘. 이 과정에서 성능 저하 트레이드-오프도 분석해 줘."

- **GPT AI 답변(요약 및 의사결정 과정)**:

  ■ **전략 제안**:

  1. 전송 중 암호화: 모든 클라이언트-서버 및 서비스 간 통신에 HTTPS/TLS 강제 적용. API Gateway 및 Load Balancer에서 TLS 터미네이션.

  2. 저장 데이터 암호화:

  ■ **RDS Aurora(PostgreSQL)**: AWS KMS와 연동하여 데이터베이스 전체 암호화 활성화.

  ■ **S3(로그, 백업)**: S3 Managed Keys(SSE-S3) 또는 AWS KMS Keys(SSE-KMS)를 사용하여 암호화.

  ■ **결제 정보 필드 암호화**: 특히 민감한 카드 번호와 같은 정보는 애플리케이션 레벨에서 추가적으로 암호화하여 데이터베이스에 저장(Column-Level Encryption).

AWS KMS를 통한 데이터 키 암복호화.

- **PCI-DSS 준수 고려사항**: 토큰화(Tokenization) 또는 Vault 서비스 활용하여 실제 카드 정보 직접 저장 회피. 주기적인 보안 감사 및 취약점 스캐닝.

- **트레이드-오프 분석**:

  1. **보안 강화 vs. 성능 저하**: 암복호화 과정은 CPU 자원을 소모하며, 특히 애플리케이션 레벨 암호화는 개발 복잡성 및 성능 저하를 야기할 수 있음.

  2. **의사결정**: ASR-S002와 PCI-DSS 준수는 필수적이므로, 성능 저하는 일부 감수하되, 하드웨어 가속기 활용(CPU 최적화) 및 효율적인 키 관리(캐싱 키 등)로 성능 영향을 최소화. AWS KMS와 같은 관리형 서비스를 활용하여 운영 복잡성을 줄임.

전술 3: 네트워크 보안(Network Security) - 외부 위협으로부터 방어

- **정의**: 방화벽, 가상 사설 네트워크(VPC), 침입 탐지/방지 시스템(IDS/IPS) 등을 사용하여 접근 제어 목록(ACL)을 엄격하게 적용하여 외부 위협으로부터 시스템을 보호하는 전술입니다.

- **실전 가이드**: 최소 접근 원칙에 따라 네트워크 세그먼트(Public/Private Subnet)를 나누고, 보안 그룹(Security Group)과 네트워크 ACL(NACL)을 엄격하게 구성합니다.

- **구체적 구현 사례(ShopSmart: AWS VPC 구성)**: ShopSmart는 AWS 클라우드에 배포되므로, AWS VPC(Virtual Private Cloud)를 사용하여 네트워크를 안전하게 구성해야 합니다.

- **문제 상황**: 모든 서비스가 한 네트워크에 존재하면, 하나의 취약점이 전체 시스템으로 확산될 수 있습니다.

- **[프롬프트 예시]**

"ShopSmart 마이크로서비스 아키텍처를 AWS VPC 환경에 안전하게 배포하기 위한 네트워크 보안 아키텍처를 설계해 줘. '최소 권한 원칙'과 'Multi-Tier 아키텍처'를 준수하여 Public Subnet, Private Subnet 구성 방안과 보안 그룹(Security Group), 네

트워크 ACL(NACL)을 통한 트래픽 제어 전략을 구체적으로 설명해 줘. 또한 NAT Gateway, Internet Gateway, VPC Endpoint의 역할을 포함해 줘."

- **GPT AI 답변(요약 및 의사결정 과정)**:

  ■ **전략 제안**:

    1. **Multi-Tier Subnet**:

    - **Public Subnet**: ALB, Bastion Host 등 외부에서 접근 가능한 리소스 배치. Internet Gateway와 연결.

    - **Private Subnet**: 모든 마이크로서비스(ECS Fargate), RDS, Kafka 등 핵심 리소스 배치. NAT Gateway를 통해 외부로 아웃바운드 트래픽만 허용.

    2. **보안 그룹(Security Group)**: 각 서비스 인스턴스/컨테이너 레벨에서 인바운드/아웃바운드 트래픽 제어. (예: DB 보안 그룹은 RDS 포트만 특정 서비스 보안 그룹에 오픈)

    3. **네트워크 ACL(NACL)**: 서브넷 레벨에서 stateless 트래픽 필터링(보안 그룹보다 광범위).

  ■ **트레이드-오프 분석**:

    1. **네트워크 복잡성 vs. 보안**: Multi-Tier Subnet과 세분화된 보안 그룹/NACL 설정은 네트워크 아키텍처의 복잡성을 증가시키지만, 보안 침해 시 영향 범위를 최소화하고 무단 접근을 방지하는 강력한 방어 메커니즘 제공.

    2. **의사결정**: ShopSmart의 민감한 데이터 처리 특성상, 초기 설계 단계부터 복잡하더라도 강력한 네트워크 격리 및 접근 제어를 적용하는 것이 장기적인 보안과 운영 안정성에 필수적이라고 판단.

기타 보안 최적화 전술

○ **웹 애플리케이션 방화벽(WAF)**: SQL Injection, XSS 등 일반적인 웹 공격으로부터 애플리케이션 보호.

○**보안 로깅 및 모니터링**: 시스템 접근 및 활동 로그를 기록하고, 이상 징후 발생 시 즉시 알림.

○**취약점 관리**: 정기적인 보안 취약점 스캐닝, 모의 해킹(Penetration Testing) 수행.

5.3.2 보안 최적화 트레이드-오프 결정 실전 가이드

보안은 시스템의 모든 부분에 영향을 미치며, 종종 성능, 비용, 개발 복잡성과 트레이드-오프 관계에 있습니다.

○**[실제 어떻게 결정하나]**

1. 위협 모델링(Threat Modeling): 시스템의 잠재적 위협과 공격 경로를 식별하고, 각 위협의 심각도를 평가하여 보안 전술 적용의 우선순위를 정합니다.

2. 규제 준수: PCI DSS, GDPR, CCPA 등 비즈니스 및 지역별 관련 법규 및 규제 요구사항을 최우선으로 고려합니다.

3. 보안 vs. 사용 편의성: 강력한 보안 조치(예: 복잡한 비밀번호 정책, 잦은 재인증)는 사용자 경험을 저해할 수 있습니다. 적절한 균형점을 찾아야 합니다.

4. GPT AI 활용(트레이드-오프 분석):

"ShopSmart는 ASR-S002(모든 고객 민감 정보 암호화)를 위해 결제 정보 필드에 대해 데이터베이스 레벨 암호화 외에 애플리케이션 레벨 암호화를 추가로 적용할지 검토 중이야. 이 추가적인 보안 강화가 성능(응답 시간), 개발 복잡성, 그리고 궁극적인 보안 강화 효과에 미치는 영향을 분석하고, 이 트레이드-오프 상황에서 ShopSmart 아키텍트가 최종 결정을 내리기 위한 고려사항 체크리스트를 제공해 줘."

• **GPT AI 답변(체크리스트 예시):**

■ **법적/규제 요구사항**: 애플리케이션 레벨 암호화가 PCI DSS 또는 기타 규제 준수에 필수적인가?

- **보안 강화 효과**: 데이터베이스 유출 시 애플리케이션 레벨 암호화가 제공하는 추가적인 방어 수준은 어느 정도인가? (예: 키 관리 시스템과의 연동 고려)

- **성능 영향**: 암복호화 작업으로 인한 CPU 부하 및 Latency 증가가 ASR-P001(성능)에 허용 가능한 수준인가? (부하 테스트 필요)

- **개발 복잡성**: 애플리케이션 코드 변경, 키 관리 로직 추가로 인한 개발 및 유지보수 부담 증가.

- **대안 탐색**: 토큰화(Tokenization)나 제3자 Vault 서비스 연동과 같은 대안이 더 효율적인가?

5.4
성능과 보안, 아키텍처의 지속적인 여정

성능과 보안은 단순히 구현되어야 할 기능이 아니라, 시스템 수명 주기 전반에 걸쳐 지속적인 관리와 진화가 필요한 핵심 품질 속성입니다. AI 시대의 아키텍트는 GPT AI를 활용하여 복잡한 트레이드-오프를 분석하고, 최적의 전술을 선택하며, 실전적인 가이드라인을 수립하는 데 있어 강력한 조력자를 얻었습니다.

하지만 AI는 결코 최종 결정권자가 아닙니다. 아키텍트의 비즈니스 통찰력, 경험, 그리고 비판적 사고가 결합될 때, AI가 제공하는 무한한 가능성을 통해 사용자의 최고의 경험과 비즈니스 신뢰를 동시에 확보할 수 있습니다. 성능과 보안이라는 상충하는 두 가지 가치 사이에서 비즈니스 요구에 맞는 최적의 균형점을 찾는 것은 AI 시대 아키텍트의 궁극적인 임무이자 책임 중 하나입니다.

## 제6장

확장용이성 및 가용성 최적화

6.1
성장과 안정성을 위한 아키텍처의 필수 조건

현대 소프트웨어 시스템은 끊임없이 변화하는 비즈니스 환경과 사용자 요구에 맞춰 지속적으로 성장하며 안정적인 서비스를 제공해야 합니다. 이 과정에서 **확장용이성(Scalability)**과 **가용성(Availability)**은 선택 사항이 아닌 필수 품질 속성입니다.

- **확장용이성**: 예상치 못한 트래픽 증가나 데이터량 폭증에도 시스템이 성능 저하 없이 효율적으로 대응할 수 있는 시스템의 능력을 의미합니다. 이는 곧 비즈니스 성장의 기회를 놓치지 않고, 사용자에게 일관된 서비스를 제공하는 기반이 됩니다.
- **가용성**: 시스템이 연중무휴(24/7) 중단 없이 서비스를 제공하거나, 장애 발생 시 신속히 복구되어 지속적인 접근성을 보장하는 능력입니다. 전자상거래 서비스에서 1분간의 다운타임은 막대한 매출 손실로 이어질 수 있듯이, 고가용성은 비즈니스 연속성의 핵심입니다.

비즈니스가 성장하고 사용자 트래픽이 폭증할 때 시스템이 유연하게 대응하지 못하면 기회를 놓치고, 시스템이 잦은 장애로 인해 서비스를 제공하지 못하면 고객 신뢰를 잃게 됩니다. 이커머스 플랫폼인 ShopSmart의 경우, 블랙 프라이데이와 같은 대규모 프로모션 시 트래픽 급증에 원활하게 대응하며 연중무휴로 안정적인 서비스를 제공하는 것이 비즈니스 성공에 직결됩니다.

그러나 확장용이성과 가용성을 동시에 최적화하는 것은 결코 쉽지 않습니다. 이 둘은 종종 비용, 데이터 일관성과 상충합니다. 무한히 자원을 늘릴 수도 없고, 모든 장애 시나리오에 완벽하게 대비하는 것은 비현실적입니다. AI 시대의 아키텍트는 GPT AI 의 도움을 받아 복잡한 트래픽 패턴과 장애 상황을 분석해, 비용 효율적이면서도 견고 한 아키텍처를 설계하기 위한 최적의 전술과 트레이드-오프를 식별해야 합니다. 이 장 에서는 확장용이성과 가용성 최적화를 위한 핵심 아키텍처 전술들을 깊이 있게 다루고, GPT AI가 이러한 전술의 선택과 적용 과정에서 아키텍트를 어떻게 지원할 수 있는지 구체적인 프롬프트 예시와 함께 제시합니다.

6.2
확장용이성 최적화

확장용이성(Scalability)은 시스템이 사용자 수, 데이터 양, 트랜잭션 처리량 증가에 비례해 성능 저하 없이 효율적으로 대응할 수 있는 능력을 의미합니다. 이는 크게 수직 확장(Vertical Scaling, 단일 서버 업그레이드)과 수평 확장(Horizontal Scaling, 서버 추가)으로 구분되며, 현대 클라우드는 주로 후자를 지향합니다.

○ 수직 확장: 단일 서버의 CPU, 메모리, 디스크 등 자원을 늘리는 방식. 한계가 명확하고 SPOF(Single Point Of Failure) 위험이 큼.

○ 수평 확장: 여러 대의 서버를 추가하여 작업을 분산하는 방식. 거의 무한한 확장이 가능하며 고가용성 확보에 용이. 현대 클라우드 기반 아키텍처의 핵심.

ShopSmart는 마이크로서비스 아키텍처와 클라우드 네이티브 기술을 활용해 수평 확장을 통해 높은 확장용이성을 확보합니다.

6.2.1 확장용이성 최적화 핵심 전술과 GPT AI 활용

전술 1: 로드 밸런싱(Load Balancing) - 트래픽 분산의 지휘자

○ **정의**: 여러 서버 인스턴스에 걸쳐 네트워크 트래픽을 효율적으로 분산하여 단일 서버 과부하를 방지하고, 비정상 서버를 트래픽 분배에서 제외하여 가용성까지 확보하는 전술.

○ **실전 가이드**: 클라이언트와 서버, 또는 서버와 서버 간의 모든 계층에서 로드 밸런싱을 고려해야 합니다. HTTP/HTTPS 트래픽에는 Application Load Balancer(ALB)가 적합하며, TCP/UDP와 같은 L4 계층 트래픽에는 Network Load Balancer(NLB)가 효율적입니다.

○ **구체적 구현 사례(ShopSmart: 마이크로서비스 트래픽 분산)**: ShopSmart의 API Gateway는 모든 클라이언트 요청의 진입점이며, 이 요청들은 백엔드 마이크로서비스로 분산되어야 합니다.

- **문제 상황**: 트래픽이 특정 마이크로서비스 인스턴스에 집중되면 해당 인스턴스의 장애나 성능 저하로 전체 서비스에 영향을 미칠 수 있습니다. ASR-C001(트래픽 5배 급증 자동 대응) 달성을 위해 필수적인 전술입니다.

- **[프롬프트 예시]**

"ShopSmart의 API Gateway를 통해 들어오는 대규모 트래픽을 백엔드의 다양한 마이크로서비스(상품, 주문, 추천 등)로 효율적으로 분산해야 해. 특히 ASR-C001(트래픽 5배 급증)을 만족시키기 위한 로드 밸런싱 아키텍처를 설계해 줘. AWS ALB와 Target Group을 활용한 구현 방안, 그리고 각 마이크로서비스의 오토 스케일링 그룹(ASG) 연동 전략을 구체적으로 설명해 줘. 이 설계 시 발생할 수 있는 지연 시간 트레이드-오프도 분석해 줘."

- **GPT AI 답변(요약 및 의사결정 과정)**:

  ■ **전략 제안**: AWS Application Load Balancer(ALB)를 진입점으로 사용하고, 각 마이크로서비스(예: Product Service, Order Service)별로 별도의 Target Group을 생성하여 ALB 리스너 규칙에 따라 트래픽을 라우팅한다. 각 Target Group은 해당 마이크로서비스의 AWS ECS 서비스(Fargate)와 연동되어 오토 스케일링을 관리한다.

  ■ **ASG 연동**: 각 ECS 서비스는 CPU 사용률, 네트워크 I/O 등의 지표를 기반으로 자동으로 컨테이너 인스턴스 수를 늘리거나 줄이는 오토 스케일링 정책(Target

Tracking Scaling)을 설정한다. ALB는 이 변경 사항을 자동으로 감지하고 새로운 인스턴스로 트래픽을 분산한다.

■ **지연 시간 트레이드-오프:**

1. 로드 밸런서 추가로 인한 지연: ALB는 L7 계층에서 동작하므로, L4 계층의 NLB보다 약간의 처리 지연이 발생할 수 있다. 하지만 HTTP 헤더 기반의 복잡한 라우팅 규칙(예: /products는 상품 서비스, /orders는 주문 서비스)과 인증/인가 전처리(API Gateway와 연동)에 유리하므로, 이커머스 API 트래픽에는 ALB가 적합하며, 발생하는 지연은 사용자 체감상 미미하다고 판단한다.

2. 의사결정: ALB는 ASR-C001을 만족시키기 위한 고도의 트래픽 분산과 스케일링 연동에 필수적이다. 지연 시간 증가는 미미하며, 얻는 확장성 및 유연성 이득이 훨씬 크다고 판단하여 ALB를 채택한다.

○ **잘못된 예시 vs. 좋은 예시(로드 밸런싱)**

• **잘못된 예시**: 로드 밸런서 없이 DNS 라운드 로빈 방식으로 여러 서버에 트래픽 분산.

■ **문제점**: 서버의 헬스 체크(Health Check)가 불가능하여 장애가 발생한 서버에도 계속 트래픽을 보내 서비스 중단을 야기합니다. 트래픽 부하가 균등하게 분산되지 않을 수 있습니다.

• **좋은 예시**: AWS ALB와 Health Check를 연동하여 비정상 인스턴스를 자동으로 배제하고, 각 서비스의 오토 스케일링 그룹과 연동하여 트래픽 변화에 유연하게 대응합니다.

전술 2: 샤딩(Sharding) / 파티셔닝(Partitioning) - 데이터베이스의 수평 확장

○ **정의**: 대규모 데이터를 여러 개의 작은 조각(샤드 또는 파티션)으로 나누어 여러 데이터베이스 서버에 분산 저장함으로써, 단일 데이터베이스의 부하를 줄이고 데이터 처리 성능과 저장 용량을 확장하는 전술.

○ **실전 가이드**: 샤딩 키(Sharding Key) 선정, 데이터 재분배(Rebalancing), 분산 트랜

객션 관리 등의 복잡성이 높으므로 신중하게 접근해야 합니다. NoSQL 데이터베이스는 샤딩을 기본적으로 지원하는 경우가 많습니다.

○ **구체적 구현 사례(ShopSmart: 사용자별 주문 내역 데이터)**: ShopSmart의 사용자 수가 급증하고 각 사용자의 주문 내역이 방대해지면서, 단일 주문 데이터베이스의 성능 한계에 도달할 수 있습니다.

- **문제 상황**: 수억 건의 주문 데이터가 단일 DB에 집중되면 특정 사용자의 주문 내역 조회 시에도 전체 DB에 부하가 가중되어 응답 시간이 지연됩니다.

- **[프롬프트 예시]**

"ShopSmart의 주문 데이터베이스가 사용자 증가와 함께 급격히 커지고 있어, 단일 DB의 성능 한계에 직면할 것으로 예상돼. 특히 사용자별 주문 내역 조회 성능을 유지하면서 ASR-C001(확장용이성)을 만족시키기 위한 데이터베이스 샤딩 전략을 제안해 줘. 샤딩 키 선정 방안, 샤딩 구현 시의 고려사항(데이터 재분배, 분산 트랜잭션), 그리고 AWS RDS(PostgreSQL) 환경에서의 적용 가능성을 포함해 줘. 이 전략의 복잡성 트레이드-오프도 분석해 줘."

- **GPT AI 답변(요약 및 의사결정 과정)**:

  - **전략 제안**: 사용자 ID(User ID)를 샤딩 키로 활용하는 샤딩 전략을 제안한다. 특정 사용자의 모든 주문 데이터는 동일한 샤드에 저장되어, 사용자별 조회 시 효율성을 극대화한다.

  - **샤딩 구현 고려사항**:

  - **샤딩 키 선정**: user_id는 특정 사용자의 모든 데이터를 한 곳에 모을 수 있어 조회 성능에 유리하다. 다만, 특정 user_id에 트래픽이 집중되는 핫 스팟(Hot Spot) 문제가 발생할 수 있다.

  - **데이터 재분배**: 샤드 간 데이터 불균형이 발생할 경우, 주기적으로 데이터를 재분배하는 메커니즘이 필요하다.

  - **분산 트랜잭션**: 여러 샤드에 걸쳐 트랜잭션을 처리해야 할 경우, 복잡한 분산 트

랜잭션(예: 2PC, SAGA 패턴) 관리가 필요하다.

- **AWS RDS 적용**: RDS 자체는 자동 샤딩을 지원하지 않으므로, 애플리케이션 레벨에서 샤딩 로직을 구현하거나 외부 샤딩 프록시(예: Vitess)를 도입해야 한다.

- **복잡성 트레이드-오프**:

  1. **단순한 DB 관리 vs. 높은 복잡성 및 비용**: 샤딩은 데이터베이스 관리 및 애플리케이션 개발의 복잡성을 급격히 증가시키고, 이는 개발 및 운영 비용 증가로 이어진다. 하지만 ShopSmart처럼 ASR-C001을 달성하기 위한 유일한 방법일 수 있다. 사용자 기반 데이터가 폭발적으로 증가하는 시스템에서는 단일 DB의 한계를 금방 초과하게 되므로, 샤딩을 통한 수평 확장은 장기적인 시스템 안정성과 성능을 보장하는 핵심적인 선택이다.

  2. **의사결정**: 현재는 AWS Aurora PostgreSQL의 읽기 복제본(Read Replica) 및 수직 확장을 통해 버티고, 데이터 증가 추이를 면밀히 모니터링한다. 초기부터 샤딩을 도입하기보다는, 한계에 도달했을 때 user_id 기반의 샤딩을 점진적으로 도입하는 것을 로드맵에 포함한다. (JIT: Just In Time 원칙) 이는 초기 개발 복잡성을 줄이고, 실제 문제 발생 시점에 최적의 샤딩 전략을 결정하기 위함이다.

○ **잘못된 예시 vs. 좋은 예시(샤딩)**

- **잘못된 예시**: 주문 ID를 샤딩 키로 사용.

  - **문제점**: 특정 사용자(예: VIP 고객)의 모든 주문 내역을 조회하려면 여러 샤드에 걸쳐 쿼리해야 하므로 비효율적이다. 특정 샤드에 주문 ID가 연속적으로 몰려 핫 스팟이 발생할 수도 있다.

- **좋은 예시**: 사용자 ID를 샤딩 키로 사용.

  - **장점**: 특정 사용자의 데이터는 항상 같은 샤드에 존재하므로, 사용자별 조회 성능이 최적화된다.

전술 3: 서버리스 아키텍처(Serverless Architecture) – 이벤트 기반의 무한 확장

○ **정의**: 개발자가 서버 프로비저닝이나 관리에 신경 쓰지 않고 코드만 배포하면, 클라우드 제공업체가 요청에 따라 자동으로 컴퓨팅 자원을 확장/축소하고 실행하는 아키텍처 스타일.

○ **실전 가이드**: 이벤트 기반의 짧은 실행 시간 작업을 처리하는 데 매우 효율적입니다. 비용은 실제 사용량만큼만 지불하므로 비용 효율적입니다.

○ **구체적 구현 사례(ShopSmart: 이미지 리사이징 및 처리)**: 고객이 상품 리뷰에 이미지를 업로드하거나, 판매자가 상품 이미지를 등록할 때, 다양한 디바이스에 맞는 크기로 이미지를 리사이징하고 최적화해야 합니다.

• **문제 상황**: 이미지 업로드 시마다 서버에서 동기적으로 리사이징하면 업로드 지연이 발생하고, 서버 리소스를 불필요하게 소비할 수 있습니다.

• **[프롬프트 예시]**

"ShopSmart에 사용자가 고해상도 이미지를 업로드하면, 다양한 웹/모바일 환경에 최적화된 여러 크기의 이미지로 자동 리사이징하고 S3에 저장해야 해. 이 과정을 AWS Lambda를 활용한 서버리스 아키텍처로 구현하는 방안을 설계해 줘. 이벤트 기반 처리 흐름, 오류 처리 및 재시도 전략, 그리고 이 방식의 비용 효율성 트레이드-오프를 분석해 줘."

• **GPT AI 답변(요약 및 의사결정 과정)**:

■ **전략 제안**:

1. 사용자가 원본 이미지를 **AWS S3 버킷**에 업로드한다.

2. S3 버킷에 이미지가 업로드되는 이벤트가 AWS Lambda 함수를 트리거한다.

3. Lambda 함수는 S3에서 원본 이미지를 다운로드하고, 이미지 처리 라이브러리(예: Pillow)를 사용하여 필요한 여러 크기로 리사이징한다.

4. 리사이징된 이미지들은 다시 S3 버킷의 다른 경로에 저장된다.

■ **오류 처리**: Lambda 함수 실행 중 오류 발생 시, SQS 또는 DLQ(Dead Letter Queue)

를 통해 실패한 이벤트를 재처리하거나 로깅한다.

■ **비용 효율성 트레이드-오프**:

1. 운영 복잡성 vs. 비용 효율성/확장성: Lambda는 서버 관리 오버헤드가 전혀 없으며, 사용량에 따라 자동으로 확장되고 사용한 컴퓨팅 시간에 대해서만 비용을 지불하므로 매우 비용 효율적이다. 초기 개발 시 Lambda 함수 로직 작성의 복잡성이 약간 증가할 수 있지만, 장기적으로 운영 및 비용 측면에서 큰 이득을 제공한다.

2. 의사결정: 이미지 리사이징은 전형적인 이벤트 기반, 비동기 작업이므로 Lambda에 최적화되어 있다. ASR-C001(확장용이성)을 만족시키면서도 비용을 효율적으로 관리할 수 있어 이 방식을 채택한다.

전술 4: 분산 메시징 시스템(Distributed Messaging System) – 서비스 간 확장성 확보

○ **정의**: 서비스 간 비동기 통신을 가능하게 하여, 특정 서비스의 부하가 다른 서비스로 전파되는 것을 방지하고, 각 서비스가 독립적으로 확장될 수 있도록 돕는 시스템. (예: Apache Kafka, RabbitMQ, AWS SQS/SNS)

○ **실전 가이드**: 서비스 간의 동기적 의존성을 끊어 결합도를 낮추고, 대규모 이벤트 스트림 처리, 마이크로서비스 간 통신, 데이터 파이프라인 구축에 광범위하게 사용됩니다.

○ **구체적 구현 사례(ShopSmart: 사용자 행동 로그 수집 및 처리)**: ShopSmart는 개인화 추천 모델 학습을 위해 사용자의 클릭, 조회, 구매 등 모든 행동 로그를 실시간으로 수집하고 처리해야 합니다.

• **문제 상황**: 모든 웹/앱 트래픽 발생 시마다 DB에 직접 로그를 기록하면 DB에 과부하가 걸리고, 트래픽 급증 시 데이터 유실이 발생할 수 있습니다.

• **[프롬프트 예시]**

"ShopSmart는 매일 수백만 건의 사용자 행동 로그(클릭, 조회, 구매 등)를 실시간

으로 수집하여 AI 추천 모델 학습 및 비즈니스 대시보드 구축에 활용해야 해. ASR-C001(트래픽 5배 급증)을 만족시키고 데이터 유실 없이 처리할 수 있는 분산 메시징 시스템 기반 데이터 파이프라인 아키텍처를 설계해 줘. Apache Kafka(AWS MSK)와 AWS S3, Spark/Flink를 활용한 방안을 중심으로 설명하고, 이 방식의 데이터 처리 지연 트레이드-오프를 분석해 줘."

- **GPT AI 답변(요약 및 의사결정 과정):**

  - **전략 제안**: Apache Kafka(AWS MSK)를 핵심 메시지 브로커로 사용하여 모든 사용자 행동 로그를 실시간으로 수집한다..

    1. 웹/앱에서 발생한 로그는 Kafka Producer를 통해 Kafka Topic으로 전송된다.

    2. Kafka Consumer 그룹(예: Spark Streaming 또는 Flink)이 Kafka Topic에서 로그를 실시간으로 읽어 전처리한다.

    3. 전처리된 로그는 장기 저장을 위해 **AWS S3**에 적재되고, AI 모델 학습 및 분석을 위해 데이터 웨어하우스(예: AWS Redshift)로 로드된다.

  - **데이터 처리 지연 트레이드-오프:**

  - **실시간 처리 vs. 데이터 일관성/비용**: Kafka를 통한 스트리밍 처리는 데이터 처리 파이프라인에 약간의 지연(수 초~수 분)을 유발할 수 있다. 이는 완전한 '즉시' 처리와 트레이드-오프 관계에 있다. 하지만 이 지연은 AI 추천 모델 학습이나 비즈니스 대시보드 업데이트에는 충분히 허용 가능한 수준이며, 대규모 트래픽을 안정적으로 처리하는 확장성과 비교할 때 이득이 크다.

  - **의사결정**: Kafka는 대규모 스트리밍 데이터의 수집 및 처리에 최적화되어 있어 ASR-C001을 만족시키고 데이터 유실 없이 확장 가능하다. 처리 지연은 비즈니스 요구사항에 부합하므로 채택한다.

6.2.2 확장용이성 트레이드-오프 결정 실전 가이드

확장용이성을 극대화하는 것은 종종 비용, 운영 복잡성, 개발 복잡성, 그리고 때로는 성능과 트레이드-오프 관계에 있습니다.

○ **[실제 어떻게 결정하나]**

1. **성장 예측**: 비즈니스의 성장 예측(사용자 수, 트래픽 증가율)을 기반으로 필요한 확장 수준을 현실적으로 예측합니다. 과도한 예측은 불필요한 비용을 유발합니다.

2. **병목 지점 분석**: 시스템의 현재 및 미래 예상 병목 지점(CPU, 메모리, I/O, 네트워크)을 정확히 식별하고, 해당 지점에 대한 확장 전략을 우선적으로 적용합니다.

3. **비용-효율성 분석**: 특정 확장 전략(예: 샤딩 도입)이 가져올 비용 증가(인프라, 개발, 운영) 대비 얻게 될 확장성 이득을 면밀히 분석합니다. 서버리스(Lambda)와 같이 비용 효율적인 확장 방안을 우선적으로 고려합니다.

4. **점진적 도입**: 모든 확장 전략을 한 번에 도입하기보다는, 필요에 따라 점진적으로 도입하고 효과를 검증합니다. (예: DB 샤딩은 필요할 때 도입)

5. **[프롬프트 예시]**

"ShopSmart는 ASR-C001(트래픽 5배 급증 자동 대응) 달성을 위해 AWS ECS Fargate 기반의 마이크로서비스 오토 스케일링을 고려하고 있어. 그런데 DB(AWS Aurora PostgreSQL)도 트래픽에 맞춰 자동으로 확장되도록 Aurora Serverless v2로 전환할지 고민 중이야. 이 전환이 확장성, 비용 효율성, 그리고 운영 복잡성에 미치는 영향을 분석하고, 각 요소 간의 트레이드-오프를 상세히 설명해 줘. 이 트레이드-오프 상황에서 ShopSmart 아키텍트가 최종 결정을 내리기 위한 고려사항 체크리스트를 제공해 줘."

• **GPT AI 답변(체크리스트 예시):**

■ **실제 트래픽 패턴**: DB 트래픽이 스파이크(Spike) 형태인지, 지속적인 증가 형태인지? Aurora Serverless v2가 스파이크에 얼마나 빠르게 반응하는가?

- **비용 예상**: 기존 프로비저닝된 Aurora 대비 Serverless v2로 전환 시 예상되는 비용 절감 또는 증가분. (워밍업 시간 동안의 비용 포함)

- **운영 복잡성**: Serverless v2 도입이 DB 모니터링, 튜닝 방식에 어떤 변화를 가져오며, 운영팀의 숙련도에 미치는 영향은?

- **마이그레이션 전략**: 기존 DB에서 Serverless v2로 전환 시 서비스 중단 시간 및 데이터 일관성 유지 방안.

- **성능 일관성**: Serverless v2의 스케일링 과정에서 일시적인 성능 저하가 발생할 가능성은 없는가? ASR-P001(성능)에 영향을 미치지는 않는가?

6.3
아키텍처 가용성 최적화

가용성(Availability)은 시스템이 의도된 시간 동안 중단 없이 정상적으로 서비스를 제공할 수 있는 능력을 의미합니다. 이는 곧 비즈니스의 '생명 유지 장치'입니다. '서비스는 항상 켜져 있어야 한다'는 현대 비즈니스의 기본 요구사항이며, 장애 발생 시에도 신속하게 복구되거나 다른 경로로 서비스를 제공하는 것이 핵심입니다. 가용성은 종종 '다운타임' 또는 '서비스 레벨 목표(SLO)'로 측정됩니다. (예: 99.99% 가용성은 연간 약 52.5분 다운타임 허용)

6.3.1 가용성 최적화 핵심 전술과 GPT AI 활용

전술 1: 중복성(Redundancy) - 단일 장애점 제거

- **정의**: 시스템의 핵심 컴포넌트를 여러 개 복제하여 운영함으로써, 하나의 컴포넌트에 장애가 발생해도 다른 컴포넌트가 그 역할을 대신하여 서비스 중단을 방지하는 전술.
- **실전 가이드**: 서버, 네트워크 장비, 데이터베이스 등 모든 핵심 컴포넌트에 대해 중복성을 확보해야 하여 단일 장애점을 제거해야 합니다. 클라우드 환경에서는 Multi-AZ(Availability Zone) 또는 Multi-Region 배포를 통해 물리적 중복성을 확보합니다.
- **구체적 구현 사례(ShopSmart: 핵심 서비스 Multi-AZ 배포)**: ShopSmart의 주문 및 결제 서비스는 핵심 비즈니스 로직을 담당하며, 연간 99.99%의 가용성(ASR-A001)

을 보장해야 합니다.

- **문제 상황**: 단일 가용 영역(AZ)에 모든 서비스를 배포할 경우, 해당 AZ의 광범위한 장애 시 전체 서비스가 중단된다.

- **[프롬프트 예시(Multi-AZ 배포 설계)]**

"ShopSmart의 핵심 주문 및 결제 서비스를 ASR-A001(99.99% 가용성)을 달성하도록 AWS Multi-AZ 환경에 배포하는 아키텍처를 설계해 줘. 로드 밸런서, 마이크로서비스(ECS Fargate), RDS Aurora(Primary/Replica)가 각 AZ에 어떻게 배치되고 상호작용하는지를 구체적으로 설명해 줘. 이 방식의 비용 증가 트레이드-오프도 분석해 줘."

- **GPT AI 답변(요약 및 의사결정 과정)**:

  ■ **전략 제안**:

  1. **ALB**: 여러 AZ에 걸쳐 트래픽을 분산하도록 구성한다.

  2. **ECS Fargate 서비스**: 주문 및 결제 서비스 컨테이너를 최소 2개 이상의 AZ에 배포하고, 각 AZ에 충분한 인스턴스를 유지하도록 스케일링 정책 설정한다.

  3. **RDS Aurora PostgreSQL**: Primary 인스턴스를 한 AZ에, Replica 인스턴스를 다른 AZ에 배치한다. Primary 장애 시 Replica가 자동으로 Primary로 승격(Failover)되어 데이터베이스 가용성을 확보한다.

  ■ **비용 증가 트레이드-오프**:

  1. **단일 AZ vs. Multi-AZ**: Multi-AZ 배포는 동일한 리소스(EC2, RDS 등)를 최소 2배 이상 운영해야 하므로 비용이 증가한다. 또한 AZ 간 데이터 전송 비용(Data Transfer Cost)도 발생할 수 있다.

  2. **의사결정**: ASR-A001(99.99% 가용성) 달성을 위해 Multi-AZ 배포는 필수적인 전술이다. 핵심 비즈니스 서비스의 중단으로 인한 기회비용과 고객 신뢰 손실이 인프라 비용 증가보다 훨씬 크다고 판단하여 채택한다.

○**잘못된 예시 vs. 좋은 예시(중복성)**

• **잘못된 예시**: 모든 서비스와 데이터베이스를 단일 서버 또는 단일 AZ에 배포.

  ■ **문제점**: 단일 장애점(SPOF)이 되어 해당 서버/AZ 장애 시 전체 서비스 중단.

• **좋은 예시**: ALB, 마이크로서비스, RDS 모두 Multi-AZ로 중복 구성하여 어떤 단일 컴포넌트나 AZ 장애에도 서비스가 유지되도록 설계.

전술 2: 장애 격리(Fault Isolation) - 파급 효과 최소화

○**정의**: 시스템의 한 부분에서 발생한 장애가 다른 부분으로 전파되어 전체 시스템에 영향을 미치는 것을 방지하기 위해, 각 컴포넌트나 서비스의 독립성을 확보하고 장애 범위를 제한하는 전술.

○**실전 가이드**: 마이크로서비스 아키텍처는 기본적으로 장애 격리에 유리합니다. 서킷 브레이커(Circuit Breaker) 패턴, 벌크헤드(Bulkhead) 패턴 등을 적용하여 특정 서비스의 오류가 다른 서비스로 연쇄 확산되는 것을 방지합니다.

○**구체적 구현 사례(ShopSmart: 추천 서비스 장애 격리)**: ShopSmart의 개인화 추천 서비스는 AI 모델의 복잡성으로 인해 다른 서비스에 비해 장애 발생 가능성이 상대적으로 높을 수 있습니다.

• **문제 상황**: 추천 서비스에 과부하가 걸리거나 장애가 발생했을 때, 추천 서비스를 호출하는 메인 페이지 로딩이나 상품 상세 페이지 조회까지 느려지거나 오류가 발생할 수 있습니다.

• **[프롬프트 예시(장애 격리 전략 제안)]**

"ShopSmart의 개인화 추천 서비스가 과부하 또는 장애로 응답이 지연되거나 실패할 경우, 이 영향이 메인 페이지 로딩이나 상품 상세 페이지 조회 등 다른 핵심 기능으로 확산되지 않도록 장애 격리 전략을 설계해 줘. 서킷 브레이커 패턴(Circuit Breaker Pattern)을 중심으로 설명하고, 구현 시의 복잡성 트레이드-오프도 분석해 줘. 또한, 추천 서비스 장애 시의 사용자 경험 저하를 최소화하는 방안도 포함해 줘."

• **GPT AI 답변(요약 및 의사결정 과정)**:

■ **전략 제안**: 추천 서비스를 호출하는 모든 클라이언트(예: 프론트엔드, API Gateway, 다른 마이크로서비스)에 서킷 브레이커 패턴을 적용한다.

1. Closed 상태: 정상적으로 추천 서비스 호출.

2. Open 상태: 일정 횟수 이상 호출 실패 시, 서킷이 Open되어 더 이상 추천 서비스를 호출하지 않고 즉시 대체 응답(예: 캐싱된 데이터, 기본 추천 목록, 인기 상품 목록 등)을 반환.

3. Half-Open 상태: 일정 시간 후 소량의 요청을 추천 서비스로 보내어 복구 여부 확인.

■ **사용자 경험 저하 최소화 방안**: 추천 서비스 장애 시 "현재 추천 기능을 이용할 수 없습니다. 인기 상품을 확인해 보세요"와 같은 사용자 친화적인 메시지와 함께 대체 상품 목록을 제공하여, 핵심 비즈니스 흐름(상품 탐색, 구매)은 유지한다.

■ **복잡성 트레이드-오프**:

1. **단순한 서비스 연동 vs. 견고한 시스템**: 서킷 브레이커 패턴 도입은 각 서비스 간의 호출 로직에 복잡성을 추가한다. 하지만 이는 추천 서비스 장애가 다른 핵심 기능으로 전파되는 것을 막아 전체 시스템의 가용성(ASR-A001)을 보장하는 데 필수적이다.

2. **의사결정**: 추천 서비스의 중요성과 잠재적 장애 가능성을 고려할 때, 서킷 브레이커 패턴 도입으로 인한 개발 복잡성을 감수하고 전체 시스템의 견고성을 확보하는 것이 중요하다고 판단한다.

전술 3: 모니터링 및 알림(Monitoring & Alerting) - 사전 예방 및 신속 대응

○**정의**: 시스템의 상태, 성능 지표, 로그 등을 지속적으로 수집하고 분석하여, 잠재적 문제나 실제 장애 발생 시 관리자에게 즉시 알림으로써 신속한 대응을 가능하게 하

는 전술.

○ **실전 가이드**: CPU 사용률, 메모리, 네트워크 I/O, 응답 시간, 에러율, 로그 패턴 등 다양한 지표를 모니터링하고, 임계치 초과 시 SMS, 이메일, 슬랙 등으로 알림을 보냅니다. GPT AI 기반의 예측적 모니터링도 고려합니다.

○ **구체적 구현 사례(ShopSmart: 통합 모니터링 시스템 구축)**: ShopSmart는 복잡한 마이크로서비스 아키텍처이므로, 서비스별 개별 모니터링으로는 전체 시스템의 상태를 파악하기 어렵습니다.

- **문제 상황**: 특정 마이크로서비스에서 장애가 발생해도 즉시 인지하지 못하면 문제 해결이 지연되어 고객 불만이 증폭됩니다.

- **[프롬프트 예시(통합 모니터링 시스템 설계)]**

"ShopSmart의 마이크로서비스 아키텍처에서 ASR-A001(99.99% 가용성)을 달성하고 신속한 장애 대응을 위해 통합 모니터링 및 알림 시스템을 설계해 줘. AWS CloudWatch, Prometheus/Grafana, ELK Stack과 같은 도구들을 활용하는 방안을 중심으로 설명하고, 각 마이크로서비스의 핵심 지표 수집 방안, 알림 정책, 그리고 운영 복잡성 트레이드-오프를 분석해 줘."

- **GPT AI 답변(요약 및 의사결정 과정)**:

  ■ **전략 제안**:

  1. 지표 수집: 각 마이크로서비스는 Prometheus Exporter를 통해 지표를 노출하고, Prometheus 서버가 이를 수집. AWS CloudWatch Agent를 사용하여 EC2/ECS 지표 수집.

  2. 로그 수집: 모든 서비스의 로그를 중앙 집중식 ELK Stack(Elasticsearch, Logstash, Kibana) 또는 AWS CloudWatch Logs로 수집.

  3. 대시보드: Grafana(Prometheus 연동) 또는 Kibana(ELK 연동)를 통해 시스템 전반의 상태를 시각화.

  알림: CloudWatch Alarms 또는 Prometheus Alertmanager를 사용하여 CPU 사

용률 80% 초과, 에러율 5% 초과 등 임계치 위반 시 SMS, Email, Slack으로 자동 알림 발송.

- ■ **운영 복잡성 트레이드-오프**:

  1. **간단한 로깅 vs. 심층 모니터링**: 통합 모니터링 시스템 구축은 초기 설정 및 운영에 복잡성과 비용(인프라)을 증가시킨다. 하지만 이는 잠재적 장애를 사전에 감지하고, 실제 장애 발생 시 문제의 원인을 신속하게 파악하여 ASR-A001 달성을 위한 필수적인 투자이다.

  2. **의사결정**: 운영 복잡성을 감수하고 통합 모니터링 시스템을 구축한다. AWS Managed Service(CloudWatch, OpenSearch Service for ELK)를 최대한 활용하여 운영 부담을 최소화한다.

6.3.2 가용성 최적화 트레이드-오프 결정 실전 가이드

가용성 최적화는 종종 비용, 성능, 그리고 개발 복잡성과 트레이드-오프 관계에 있습니다. 모든 시스템이 99.999%(5-Nines)의 가용성을 필요로 하는 것은 아니므로, 비즈니스 요구사항에 맞춰 적절한 수준을 목표로 해야 합니다.

- ○ **[실제 어떻게 결정하나]**

1. **SLO(Service Level Objective) 정의:** 시스템의 각 핵심 기능별로 허용 가능한 서비스 수준 목표(SLO)를 명확하게 정의합니다. 특히 RTO(복구 목표 시간)와 RPO(복구 목표 시점)를 정의해야 합니다. ASR-A001(99.99% 가용성)과 같은 목표는 비즈니스와 합의된 현실적인 수준이어야 합니다.

2. **비용-가용성 분석**: 높은 가용성을 달성할수록 비용은 기하급수적으로 증가합니다. 특정 가용성 수준 달성에 필요한 비용과, 서비스 중단으로 인한 비즈니스 손실(매출 손실, 고객 이탈, 브랜드 이미지 손상)을 비교 분석하여 최적의 투자 수준을 결

정합니다.

3. **장애 복구 연습**: DR(Disaster Recovery) 훈련이나 카오스 엔지니어링(Chaos Engineering)을 통해 시스템이 실제 장애 상황에서 어떻게 동작하는지 검증하고, 복구 프로세스를 지속적으로 개선합니다.

4. **[프롬프트 예시(트레이드-오프 분석)]**

   "ShopSmart의 핵심 주문 및 결제 서비스의 가용성을 현재의 Multi-AZ(99.99%)에서 Multi-Region(99.999% 이상)으로 높이려고 해. 이 전략이 가용성, 비용(인프라, 데이터 전송), 데이터 일관성 및 데이터 동기화 복잡성에 미치는 영향을 분석하고, 각 요소 간의 트레이드-오프를 상세히 설명해 줘. 이 트레이드-오프 상황에서 ShopSmart 아키텍트가 최종 결정을 내리기 위한 고려사항 체크리스트를 제공해 줘."

- **GPT AI 답변(체크리스트 예시)**:

  - **비즈니스 필요성**: 99.999% 이상의 가용성이 현재 비즈니스 목표 달성에 필수적인가? 0.009%의 추가 가용성이 가져올 매출 증대 또는 손실 감소 효과는?

  - **예상 비용 증가**: Multi-Region 인프라 구축, 리전 간 데이터 동기화 비용, 네트워크 지연으로 인한 추가 인프라 비용. (최소 2배 이상의 인프라 비용 예상)

  - **데이터 동기화 복잡성**: 리전 간 데이터 일관성 유지(특히 Primary-Primary 구조 시)를 위한 복잡한 데이터 복제 및 충돌 해결 전략 필요. RPO/RTO 목표에 부합하는가?

  - **운영 복잡성**: Multi-Region 배포 및 DR 훈련으로 인한 운영팀의 부담 및 숙련도 요구사항 증가.

  - **마이그레이션 전략**: 기존 Single-Region에서 Multi-Region으로의 전환 계획 및 위험 요소.

6.4
확장과 가용성, 비즈니스 성장의 엔진

확장용이성과 가용성은 급변하는 비즈니스 환경에서 소프트웨어 시스템이 성공적으로 운영되기 위한 핵심 동력입니다. 아키텍트는 GPT AI를 활용하여 복잡한 트래픽 시나리오와 장애 상황을 예측하고, 다양한 전술들을 조합하여 비용 효율적이면서도 견고한 아키텍처를 설계할 수 있습니다.

성장하는 비즈니스 요구에 맞춰 시스템을 유연하게 확장하고 예기치 못한 장애로부터 보호하는 일은 아키텍트의 지속적인 도전입니다. GPT AI는 이러한 도전 과정에서 아키텍트의 통찰력을 증폭시켜, 더욱 안정적이고 확장 가능한 시스템을 구축할 수 있도록 돕는 핵심 설계 판단 파트너가 될 것입니다.

## 제7장

변경용이성 및 사용편의성 최적화

7.1
끊임없는 변화에 대한 적응과 사용자 만족

현대 비즈니스 환경은 그 어느 때보다 빠르게 변화합니다. 새로운 기능 요구사항이 쉴 새 없이 쏟아지고, 기술 트렌드는 빠르게 진화하며, 사용자들의 기대치 또한 나날이 높아지고 있습니다. 이러한 환경에서 소프트웨어 아키텍처는 비즈니스 민첩성(Agility)의 핵심인 **변경용이성(Modifiability)**과 고객 충성도를 높이는 **사용편의성(Usability)**이라는 두 가지 핵심 품질 속성을 반드시 갖춰야 합니다. 변경이 어려운 아키텍처는 기술 부채를 쌓아 장기적인 비즈니스 기회를 놓치게 만들며, 사용하기 불편한 시스템은 아무리 기능이 좋아도 사용자에게 외면받습니다.

이커머스 플랫폼인 ShopSmart의 경우, 경쟁사 대비 빠른 신기능 출시와 사용자 피드백 반영은 시장 선점을 위한 필수 조건이며, 직관적이고 편리한 사용자 경험은 고객 유지 및 충성도 확보에 결정적입니다. AI 시대의 아키텍트는 GPT AI를 활용해 변경의 영향을 최소화하고 사용자 중심 설계를 가속화하는 방안을 모색해야 합니다. 이 챕터에서는 변경용이성과 사용편의성 최적화를 위한 핵심 아키텍처 전술들을 깊이 있게 다루고, GPT AI가 이러한 전술의 선택과 적용 과정에서 아키텍트를 어떻게 지원할 수 있는지 구체적인 프롬프트 예시와 함께 제시합니다. 또한, 이 두 품질 속성 간의 트레이드-오프를 인지하고 실제 의사결정을 내리는 실전 가이드를 제공합니다.

7.2
변경용이성 최적화

변경용이성(Modifiability)은 시스템이 변화하는 요구사항(기능 추가·변경·삭제)에 얼마나 쉽고 빠르게 대응할 수 있는지를 나타내는 품질 속성입니다. 시스템의 유지보수 비용과 직결되며, 비즈니스 민첩성을 확보하는 데 핵심적인 역할을 합니다.

7.2.1 핵심 변경용이성 최적화 전술과 GPT AI 활용

전술 1: 모듈화 및 낮은 결합도 - 변경의 파급 효과 제한

○ **정의**: 시스템을 독립적 기능 단위(모듈·서비스)로 분리하고, 이들 간의 느슨한 결합을 통해 한 부분의 변경이 다른 부분에 미치는 영향을 최소화하는 전술.

○ **실전 가이드**: 마이크로서비스 아키텍처는 모듈화와 낮은 결합도를 기본 철학으로 합니다. 각 서비스가 단일 책임 원칙(Single Responsibility Principle)을 따르고, 서비스 간 통신은 명확한 인터페이스(API)를 통해 이루어져야 합니다.

○ **구체적 구현 사례(ShopSmart: 도메인 기반 서비스 분리)**: ShopSmart는 고객, 상품, 주문, 결제 등 여러 핵심 도메인을 가지고 있습니다.

• **문제 상황**: 모든 도메인 로직이 하나의 거대한 서비스(모놀리식)에 묶여 있다면, 상품 관련 기능 변경이 주문 로직에 의도치 않은 영향을 미칠 수 있습니다. 이는 변경 비용 증가와 배포 지연을 야기하여 비즈니스 민첩성을 저해합니다.

• **[프롬프트 예시(도메인 기반 서비스 분리 설계)]**

"ShopSmart의 핵심 비즈니스 도메인인 '고객(User)', '상품(Product)', '주문(Order)',

'결제(Payment)', '추천(Recommendation)'에 대해 도메인 기반 마이크로서비스 분리
전략을 설계해 줘. 각 서비스의 주요 책임(책임 분리), 서비스 간 명확한 API 정의 방
안, 그리고 서비스 간 낮은 결합도를 유지하기 위한 통신 방식을 구체적으로 설명해
줘. 이 과정에서 발생할 수 있는 데이터 일관성 트레이드-오프도 분석해 줘."

- **GPT AI 답변(요약 및 의사결정 과정)**:

  - **전략 제안**: 각 도메인을 독립적인 마이크로서비스로 분리한다.

  - **User Service**: 사용자 정보 관리, 인증/인가.

  - **Product Service**: 상품 정보, 재고 관리.

  - **Order Service**: 주문 생성, 주문 상태 관리.

  - **Payment Service**: 결제 처리.

  - **Recommendation Service**: 사용자 행동 기반 추천.

  - **API 정의**: 각 서비스는 REST API를 통해 명확한 인터페이스를 제공하며, Swagger/
    OpenAPI를 사용하여 API 명세를 자동화한다.

  - **통신 방식**:

  - **동기 통신**: Critical Path에 있는 서비스 간에는 API Gateway를 통한 REST API 호
    출(예: 주문 생성 시 결제 서비스 호출).

  - 비동기 통신: 이벤트 기반으로 결합도를 낮춘다(예: 주문 완료 후 Order Placed
    이벤트를 Kafka에 발행하고, 알림/물류/재고 서비스가 이를 구독).

  - **데이터 일관성 트레이드-오프**:

    1. **강한 일관성 vs. 비즈니스 민첩성**: 도메인 분리로 인해 데이터가 여러 서비
    스에 분산 저장되므로, 여러 서비스에 걸친 트랜잭션 시 최종 일관성(Eventual
    Consistency) 모델을 따르게 된다. 이는 즉시 일관성 대신, 독립적인 개발과 빠른
    배포라는 이점을 얻는 트레이드-오프이다. ShopSmart에서는 핵심 주문-결제는 동
    기 처리하되, 그 외 후속 작업은 최종 일관성을 허용하는 전략으로 의사결정한다.

    2. **의사결정**: 마이크로서비스 분리는 초기 개발 복잡도를 높이지만, 장기적인 비

즈니스 민첩성(변경용이성)과 확장성을 확보하는 데 필수적이다. 데이터 일관성 문제는 비동기 이벤트 패턴과 적절한 트레이드-오프 판단으로 관리한다.

○ **잘못된 예시 vs. 좋은 예시(모듈화)**

• **잘못된 예시**: 상품 서비스가 사용자 정보, 주문 정보까지 직접 조회하여 로직을 처리.

　■ **문제점**: 사용자 서비스나 주문 서비스 변경 시 상품 서비스까지 영향을 받을 가능성이 크고, 특정 도메인 전문가가 아닌 개발자가 다른 도메인 로직을 수정해야 할 수도 있다.

• **좋은 예시**: 상품 서비스는 자신의 도메인 데이터(상품, 재고)만 관리하고, 사용자 정보가 필요할 경우 사용자 서비스의 API를 호출한다. 비동기 통신이 가능한 경우, 필요한 이벤트(예: User Registered 이벤트)를 구독하여 자체적으로 복제된 최소한의 사용자 정보를 가질 수도 있다.

전술 2: 표준화 및 일관성 - 예측 가능한 변경 환경

○ **정의**: 개발 프로세스, 코드 스타일, 기술 스택, API 명세, 배포 방식 등을 표준화하여 예측 가능한 개발 환경을 구축하고, 새로운 기능 개발 및 유지보수 시 발생하는 혼란과 오류를 줄이는 전술.

○ **실전 가이드**: 기술 스택은 꼭 필요한 경우가 아니면 과도하게 다양화하지 않고, 코드 컨벤션, API 설계 가이드라인을 명확히 문서화하고 도구로 강제화합니다.

○ **구체적 구현 사례(ShopSmart: 마이크로서비스 개발 표준화)**: ShopSmart는 여러 개발팀이 다양한 마이크로서비스를 개발합니다.

• **문제 상황**: 각 팀이 다른 기술 스택, 코딩 스타일, API 명세 방식을 사용하면 서비스 간 통합이 어려워지고, 팀원 교체 시 학습 곡선이 길어져 변경용이성을 저해합니다.

• **[프롬프트 예시(개발 표준화 가이드라인 제안)]**

"ShopSmart의 마이크로서비스 개발팀을 위한 효율적인 개발 표준화 가이드라인을 제안해 줘. 특히 기술 스택 통일, API 명세 표준화, CI/CD 파이프라인 자동화 측

면에서 구체적인 방안을 설명하고, 이 방식의 창의성 제한 트레이드-오프도 분석해
줘. 또한, 각 표준에 대한 체크리스트 예시를 포함해 줘."

- **GPT AI 답변(요약 및 의사결정 과정):**

  - **전략 제안:**

    1. **기술 스택**: JVM(Spring Boot/Kotlin) 또는 Go Lang을 메인 백엔드 언어로 통
       일. 데이터베이스는 AWS Aurora PostgreSQL을 기본으로 하되, 특정 요구사항
       시 NoSQL(DynamoDB, MongoDB) 허용.

    2. **API 명세**: OpenAPI(Swagger)를 표준으로 채택하고, API Gateway에서 이를
       강제화. API 설계 가이드라인(RESTful 원칙, 에러 코드 표준 등) 문서화.

    3. **CI/CD 파이프라인**: AWS CodePipeline/CodeBuild를 활용하여 테스트, 빌드,
       배포 과정을 자동화하고 표준화된 템플릿 제공.

  - **체크리스트 예시:**

  - 신규 마이크로서비스는 지정된 기술 스택을 사용했는가?

  - API 명세가 OpenAPI 3.0 규격을 준수하고 API Gateway에 등록되었는가?

  - CI/CD 파이프라인 템플릿을 사용하여 배포 자동화가 구성되었는가?

  - 서비스 간 통신 시 HTTP/TLS 암호화가 적용되었는가?

  - **창의성 제한 트레이드-오프:**

    1. **개발 자유도 vs. 협업 효율성/변경용이성**: 과도한 표준화는 개발자들의 기술
       선택의 자유와 창의성을 제한할 수 있다. 하지만 ShopSmart와 같이 규모가 크고
       여러 팀이 협업하는 환경에서는 일관된 표준을 통해 팀 간의 마찰을 줄이고, 서
       비스 간 통합 비용을 절감하여 전체적인 변경용이성을 높이는 것이 훨씬 중요하
       다. 핵심 기술 스택은 제한하되, 특정 문제 해결에 더 적합한 라이브러리/프레임
       워크는 논의를 통해 유연하게 허용하는 정책을 수립한다.

    2. **의사결정**: 서비스 간 일관된 개발 경험과 협업 효율성을 위해 기술 스택 및 개
       발 표준화를 적극적으로 추진한다. 핵심 기술 외에는 합리적인 범위 내에서 유

연성을 부여한다.

전술 3: 재사용성(Reusability) - 중복 개발 감소

○ **정의**: 이미 개발된 컴포넌트, 모듈, 라이브러리 등을 새로운 기능 개발 시 재활용하여 중복 개발을 막고 개발 시간과 비용을 절감하고, 시스템 전반의 일관성과 품질을 향상시키는 전술.

○ **실전 가이드**: 공통적으로 사용되는 기능(예: 인증/인가 라이브러리, 로깅 유틸리티, 공통 도메인 객체)은 재사용 가능한 라이브러리나 서비스로 분리하여 관리합니다.

○ **구체적 구현 사례(ShopSmart: 공통 인증/인가 모듈)**: ShopSmart의 모든 마이크로서비스는 사용자 인증 및 인가 로직이 필요합니다.

• **문제 상황**: 각 서비스가 자체적으로 인증/인가 로직을 구현하면 중복 개발이 발생하고, 보안 정책 변경 시 모든 서비스를 수정해야 하는 비효율이 발생합니다.

• **[프롬프트 예시(공통 모듈 설계)]**

"ShopSmart의 여러 마이크로서비스에서 공통적으로 필요한 사용자 인증 및 인가 로직을 효율적으로 관리하고 재사용하기 위한 방안을 설계해 줘. 공통 라이브러리(SDK) 또는 전용 서비스(Auth Service)로 분리하는 방법의 장단점을 비교하고, 적합한 AWS 서비스(Cognito, IAM)와의 연동 방안을 포함해 줘. 이 방식의 유연성 트레이드-오프도 분석해 줘."

• **GPT AI 답변(요약 및 의사결정 과정)**:

■ **전략 제안**: 전용 인증 서비스(Auth Service)를 구축하고, AWS Cognito와 연동하여 사용자 관리 및 토큰(JWT) 발행을 담당하게 한다. 각 마이크로서비스는 Auth Service가 발행한 JWT를 검증하는 공통 라이브러리(SDK)를 사용하거나, API Gateway에서 사전 검증하도록 위임한다.

■ **Auth Service의 장점**: 인증/인가 로직의 중앙 집중화, 보안 정책 변경 시 한 곳만 수정, 독립적인 배포 및 확장 가능.

■ **SDK의 장점**: 서비스 내에서 직접 검증 로직 실행으로 네트워크 오버헤드 감소.

■ **유연성 트레이드-오프**:

1. **서비스 독립성 vs. 재사용성**: Auth Service는 유연하지만, 각 서비스에 JWT 검증 로직을 SDK 형태로 내장하는 것은 서비스 간의 강한 의존성을 만들 수 있다. 그러나 공통된 보안 정책 적용과 개발 생산성 측면에서 SDK를 통한 재사용이 더 효율적이다.

2. **의사결정**: Auth Service를 구축하여 중앙에서 인증/인가를 관리하되, JWT 검증은 API Gateway에서 1차 처리하고 각 마이크로서비스는 경량화된 SDK를 통해 2차 검증을 수행한다. 이 방식이 보안, 유연성, 개발 생산성 측면에서 최적의 균형점을 제공한다고 판단한다.

7.2.2 변경용이성 트레이드-오프 결정 실전 가이드

변경용이성은 초기 개발 비용, 성능, 그리고 때로는 보안과 트레이드-오프 관계에 있습니다. 유연한 아키텍처는 구축 비용이 더 들 수 있지만, 장기적으로는 유지보수 비용을 절감하고 비즈니스 민첩성을 높입니다.

○ **[실제 어떻게 결정하나]**

1. **예상 변경 빈도 및 영향 분석**: 어떤 부분이 자주 변경될 것으로 예상되는지, 특정 부분의 변경이 시스템 전반에 어떤 영향을 미칠지 예측하여 변경용이성 전술의 적용 우선순위를 정합니다. (예: UI/UX 변경은 잦으므로 프론트엔드와 백엔드를 명확히 분리)

2. **비즈니스 민첩성 요구**: 비즈니스가 얼마나 빠른 시장 반응 속도를 요구하는지에 따라 변경용이성 확보 수준을 결정합니다. 스타트업의 경우 빠른 실험을 위해 초기에는 모놀리식으로 시작하고, 성장에 따라 마이크로서비스로 전환하는 전략도 고

려할 수 있습니다.

3. 기술 부채 관리: 변경용이성을 희생하면서 빠른 개발을 선택한 경우, 나중에 반드시 기술 부채를 해결하여 시스템을 개선할 계획을 수립해야 합니다.

4. [프롬프트 예시(트레이드-오프 분석)]

"ShopSmart의 모바일 앱과 웹 프론트엔드 개발팀이 각각 분리되어 있음. 현재는 각 팀이 백엔드 API를 직접 호출하는 방식이야. 만약 BFF(Backend for Frontend) 패턴을 도입한다면 변경용이성(프론트엔드 변경의 독립성), 개발 복잡성, 그리고 운영 오버헤드에 어떤 영향을 미치는지 분석해 줘. 각 요소 간의 트레이드-오프를 상세히 설명하고, 아키텍트가 최종 결정을 내리기 위한 고려사항 체크리스트를 제공해 줘."

- **GPT AI 답변(체크리스트 예시)**:

  - **프론트엔드 변경 빈도**: 모바일/웹 UI/UX 변경이 얼마나 잦은가? 변경 시 백엔드 API 수정이 빈번하게 발생하는가?

  - **백엔드 API 복잡성**: 프론트엔드에서 여러 백엔드 API를 조합해야 하는 로직이 많은가?

  - **개발 자원/비용**: BFF 서비스 추가 개발 및 운영에 필요한 개발자 및 인프라 자원이 확보되었는가?

  - **성능 영향**: BFF 계층 추가로 인한 API 호출 지연(Latency)이 사용자 경험 ASR에 허용 가능한 수준인가?

  - **대안**: BFF 도입 외에 API Gateway의 강력한 변환 기능만으로 프론트엔드 요구사항을 충족할 수는 없는가?

7.3
사용편의성 최적화

사용편의성(Usability)은 사용자가 시스템을 얼마나 쉽고 효율적으로 학습하고 사용할 수 있는지, 그리고 사용 과정에서 얼마나 만족감을 느끼는지를 나타내는 품질 속성입니다. 이는 시스템의 성공적 도입과 지속적인 사용에 결정적인 영향을 미칩니다. 아키텍처적 관점에서 사용편의성은 사용자가 체감하는 안정감과 속도이며, 주로 시스템의 응답성, 일관된 인터페이스, 그리고 안정적인 동작을 통해 간접적으로 지원됩니다.

7.3.1 사용편의성 최적화 핵심 전술과 GPT AI 활용

전술 1: 일관된 인터페이스 - 학습 비용 감소

○**정의**: 통합 디자인 시스템을 구축하여 UI/UX나 API가 시스템 전반에 걸쳐 일관된 디자인, 용어, 상호작용 방식을 제공하여 사용자 학습 비용을 최소화하는 전술.

○**실전 가이드**: 디자인 시스템(Design System)을 구축하고 API 설계 가이드라인을 엄격히 준수합니다. 마이크로서비스 간에도 일관된 API 스타일을 유지해야 합니다.

○**구체적 구현 사례(ShopSmart: 통합 디자인 시스템 구축)**: ShopSmart는 웹과 모바일 앱에서 동일한 브랜드 경험과 일관된 UI/UX를 제공해야 합니다.

• **문제 상황**: 웹과 모바일 앱 개발팀이 각각 다른 UI 컴포넌트 라이브러리와 디자인 규칙을 사용하면 브랜드 일관성이 깨지고 사용자는 플랫폼마다 새로운 학습이 필요합니다.

- **[프롬프트 예시(통합 디자인 시스템 구축 방안 제안)]**

"ShopSmart 웹과 모바일 앱에서 일관된 사용자 경험(UX)을 제공하기 위한 통합 디자인 시스템 구축 방안을 제안해 줘. 디자인 시스템의 핵심 요소(컴포넌트 라이브러리, 디자인 가이드), 구축 시 고려사항(관리, 버전 관리), 그리고 초기 개발 비용 트레이드-오프를 분석해 줘. 또한, 디자인 시스템 구축 후의 기대 효과도 설명해 줘."

- **GPT AI 답변(요약 및 의사결정 과정):**

  - **전략 제안:**

    1. **디자인 토큰(Design Tokens) 정의**: 색상, 폰트, 간격 등 디자인의 최소 단위들을 정의.

    2. **UI 컴포넌트 라이브러리**: 웹(React/Vue) 및 모바일(React Native/Flutter)용 공통 UI 컴포넌트 라이브러리를 개발 및 배포.

    3. **디자인 가이드라인**: UI/UX 원칙, 패턴, 사용 지침 등을 문서화.

    4. **전담 팀**: 디자인 시스템을 개발하고 유지보수할 전담 팀(또는 인력)을 배치.

  - **기대 효과**: 일관된 브랜드 경험, 개발 생산성 향상, 기술 부채 감소, 변경용이성 증대.

  - **초기 개발 비용 트레이드-오프:**

    1. **빠른 기능 개발 vs. 장기적 효율성**: 디자인 시스템 구축은 초기 상당한 시간과 자원(디자이너, 프론트엔드 개발자)을 요구하며, 이는 단기적인 기능 개발 속도를 저해할 수 있다. 하지만 장기적으로는 개발 효율성을 크게 높이고, 일관된 사용자 경험을 통해 사용편의성을 극대화한다.

    2. **의사결정**: ShopSmart는 장기적인 브랜드 가치와 사용자 만족을 위해 초기 투자 비용을 감수하고 통합 디자인 시스템 구축을 추진한다. 이는 ASR-U001(직관적이고 일관된 UI) 달성에 필수적이라고 판단한다.

전술 2: 응답성 - 사용자 대기 시간 최소화

○ **정의**: 시스템이 사용자 입력에 대해 얼마나 빠르게 반응하는지를 나타내는 전술. 이는 사용자가 시스템을 효율적으로 사용할 수 있도록 돕는 핵심 요소로 성능 최적화와 밀접한 관련성이 있습니다.

○ **실전 가이드**: 백엔드(성능)와 프론트엔드(UI/UX)의 협력이 필수적입니다. 백엔드 API 응답 시간을 최소화하고, 프론트엔드에서 비동기 데이터 로딩, 스켈레톤 UI, 가상 스크롤링 등을 사용하여 사용자 대기 시간을 인지적으로 줄입니다.

○ **구체적 구현 사례(ShopSmart: 상품 목록 무한 스크롤링)**: ShopSmart의 상품 목록 페이지는 수백만 개의 상품을 담고 있으며, 사용자는 빠르게 상품을 탐색하기를 원합니다.

• **문제 상황**: 한 번에 모든 상품 데이터를 로딩하면 페이지 로딩 시간이 길어져 사용자가 불편함을 느낍니다.

• **[프롬프트 예시(응답성 최적화 설계)]**

"ShopSmart의 상품 목록 페이지에서 사용자에게 최적의 응답성을 제공하기 위한 방안으로 무한 스크롤링 기능을 구현하려고 해. 이 기능을 구현하기 위한 백엔드(페이징 API) 및 프론트엔드(가상 스크롤링) 설계 방안을 설명해 줘. 이 방식의 구현 복잡성 트레이드-오프도 분석해 줘. 또한, 사용자 경험 측면에서의 이점과 잠재적 단점을 설명해 줘."

• **GPT AI 답변(요약 및 의사결정 과정)**:

 ■ **전략 제안**:

 1. **백엔드**: 상품 목록 API는 페이지 번호와 페이지당 항목 수를 파라미터로 받아, 정해진 수량의 상품만 반환하는 페이징(Paging) API로 설계. (예: /products?page=1&size=20)

 2. **프론트엔드**: 사용자가 페이지 하단에 도달하면 다음 페이지의 데이터를 비동기적으로 로드하여 기존 목록에 추가하는 무한 스크롤링을 구현. 필요에 따라 가

상 스크롤링(Virtual Scrolling) 라이브러리를 사용하여 DOM 요소 수를 최적화.

- **사용자 경험 이점**:

- 페이지 로딩 시간 단축: 초기 로딩이 빠르다.

- 끊김 없는 탐색: 사용자가 페이지 전환 없이 연속적으로 상품을 탐색할 수 있다.

- **사용자 경험 단점**:

- 페이지 위치 기억 어려움: 사용자가 이전에 스크롤했던 위치를 기억하기 어렵다.

- 푸터(Footer) 접근 어려움: 페이지 하단의 정보(회사 정보, 약관)에 접근하기 어려울 수 있다.

- **구현 복잡성 트레이드-오프**:

    1. **단순 페이지네이션 vs. 향상된 UX**: 무한 스크롤링은 기존 페이지네이션 방식보다 프론트엔드 및 백엔드 로직의 구현 복잡성을 증가시킨다. 특히 스크롤 위치 저장, 데이터 중복 방지 등의 문제가 발생할 수 있다. 하지만 ShopSmart와 같은 이커머스 환경에서는 사용자의 상품 탐색 경험이 매우 중요하므로, 이 복잡성을 감수하고 응답성과 사용편의성을 향상시키는 것을 선택한다.

    2. **의사결정**: 이커머스의 핵심인 상품 탐색 경험을 극대화하기 위해 무한 스크롤링을 도입한다. 잠재적 단점은 디자인 가이드라인이나 추가 UI 요소(예: 맨 위로 버튼)로 보완한다.

전술 3: 피드백 및 에러 처리 - 명확한 소통

○ **정의**: 시스템이 사용자에게 작업의 진행 상황이나 에러 발생 시 명확하고 이해하기 쉬운 피드백을 제공하여, 사용자가 시스템의 상태를 이해하고 문제를 해결할 수 있도록 돕는 전술.

○ **실전 가이드**: API 에러 코드를 표준화하고, 사용자 인터페이스에서 친숙하고 구체적인 에러 메시지를 제공합니다. 로딩 스피너, 성공/실패 메시지 등 시각적인 피드백을 적극 활용합니다.

○**구체적 구현 사례(ShopSmart: 결제 실패 알림)**: ShopSmart에서 사용자가 상품 결제를 시도했으나, 외부 결제 시스템 문제로 결제가 실패하는 경우가 발생할 수 있습니다.

- **문제 상황**: 결제 실패 시 "오류가 발생했습니다"와 같은 모호한 메시지만 제공하면 사용자는 무엇이 문제인지 알 수 없고 답답함을 느낍니다.

- **[프롬프트 예시(에러 처리 및 피드백 설계)]**

"ShopSmart에서 결제 실패 시 사용자에게 명확하고 유용한 피드백을 제공하기 위한 에러 처리 전략을 설계해 줘. 백엔드(API 에러 코드 표준화)와 프론트엔드(사용자 친화적 메시지) 측면에서 구체적인 방안을 설명하고, 외부 결제 시스템 연동 시의 에러 코드 매핑 전략을 포함해 줘. 이 방식의 구현 복잡성 트레이드-오프도 분석해 줘."

- **GPT AI 답변(요약 및 의사결정 과정)**:

  ■ **전략 제안**:

  1. **백엔드(결제 서비스 API)**: 결제 서비스는 내부적으로 정의된 표준화된 에러 코드(예: PAYMENT_FAILED_INSUFFICIENT_FUNDS, PAYMENT_FAILED_CARD_EXPIRED)를 사용하여 API 응답으로 반환. 외부 결제 시스템의 에러 코드는 내부 표준 에러 코드로 매핑하여 사용.

  2. **프론트엔드**: 백엔드에서 받은 표준 에러 코드를 기반으로, 사용자에게 친숙하고 이해하기 쉬운 메시지(예: "잔액이 부족합니다. 결제 수단을 확인해 주세요", "카드 유효기간이 만료되었습니다")를 UI에 표시. 재시도 버튼이나 고객센터 문의 안내 등을 제공.

  ■ **구현 복잡성 트레이드-오프**:

  1. **간단한 에러 처리 vs. 사용자 만족**: 세분화된 에러 코드 정의 및 프론트엔드에서의 맞춤형 메시지 구현은 초기 개발 및 유지보수 시 추가적인 작업이 필요하다. 하지만 이는 사용자가 문제 상황을 빠르게 이해하고 해결책을 찾을 수 있도

록 도와 궁극적으로 사용편의성과 만족도를 크게 높인다.

2. **의사결정**: 결제와 같은 핵심 경로에서의 명확한 에러 처리는 고객 이탈을 방지하고 신뢰를 구축하는 데 매우 중요하므로, 구현 복잡성을 감수하고 상세한 에러 처리 및 피드백 시스템을 구축한다.

7.3.2 사용편의성 트레이드-오프 결정 실전 가이드

사용편의성 최적화는 종종 개발 시간/비용, 그리고 때로는 보안과 트레이드-오프 관계에 있습니다. 모든 사용자 요구를 즉시 반영하는 것은 비현실적이므로, 비즈니스 우선순위와 사용자 영향도를 고려한 선택이 필요합니다.

○[실제 어떻게 결정하나]

1. **사용자 연구 및 피드백**: 사용자 설문조사, 사용성 테스트, A/B 테스트 등을 통해 실제 사용자의 피드백을 수집하고, 어떤 기능이나 UI 요소가 가장 불편한지 우선순위를 파악합니다.

2. **ROI 분석**: 사용편의성 개선에 투자할 개발 시간/비용 대비, 사용자 만족도 증가, 이탈률 감소, 전환율 증가 등 비즈니스 성과에 미치는 영향을 분석합니다.

3. **최소 기능 제품(MVP) 전략**: 초기에는 핵심 기능의 사용편의성에 집중하고, 시장 반응에 따라 점진적으로 다른 부분의 사용편의성을 개선합니다.

4. **GPT AI 활용(트레이드-오프 분석)**:

"ShopSmart는 사용자 편의성을 높이기 위해 비회원 주문 기능을 도입하려고 해. 이 기능이 사용편의성(접근성), 데이터 수집(개인화 추천 모델 학습), 그리고 보안(비회원 주문 정보 관리)에 미치는 영향을 분석해 줘. 각 요소 간의 트레이드-오프를 상세히 설명하고, 아키텍트가 최종 결정을 내리기 위한 고려사항 체크리스트를 제공해 줘."

- **GPT AI 답변(체크리스트 예시):**

  - **비즈니스 가치**: 비회원 주문 도입이 신규 고객 유치 및 전환율 증가에 얼마나 긍정적인 ROI를 가져올 것인가?

  - **데이터 수집 한계**: 비회원 주문 시 사용자 행동 데이터를 수집하기 어려워 개인화 추천 모델 학습에 부정적 영향을 미칠 수 있는가? (예: 임시 ID 부여 및 세션 기반 추적 한계)

  - **보안 위험**: 비회원 주문자의 개인 정보 및 결제 정보를 어떻게 안전하게 관리할 것인가? (탈퇴/삭제 불가, 관리의 어려움)

  - **고객 서비스 복잡성**: 비회원 주문의 취소, 반품, 문의 처리 시 본인 확인 절차로 인한 고객 서비스 복잡성 증가.

  - **기술적 구현 복잡성**: 비회원 주문과 회원 주문 간의 데이터 모델 통합 및 로직 처리의 복잡성.

7.4
변화 적응과 사용자 만족을 통한 지속 가능성

변경용이성과 사용편의성은 급변하는 시장에서 소프트웨어 시스템이 지속적으로 가치를 창출하고 사용자들에게 사랑받기 위한 필수적인 품질 속성입니다. 아키텍트는 GPT AI를 활용하여 예상되는 변경 사항의 영향을 최소화하고, 사용자 중심적인 설계를 가속화함으로써 비즈니스의 민첩성과 시장 경쟁력을 강화할 수 있습니다.

GPT AI는 복잡한 설계 결정을 분석하고, 효율적인 전술을 제안하며, 잠재적 트레이드-오프를 시뮬레이션하여 아키텍트의 의사결정을 돕는 강력한 도구입니다. 그러나 궁극적으로 어떤 변경을 우선하고, 어떤 사용자 경험을 제공할 것인지는 아키텍트의 비즈니스 통찰력과 윤리적 판단에 달려 있습니다. 이 두 품질 속성 간의 균형을 현명하게 찾아 나가는 것이 AI 시대 아키텍트의 중요한 역할이 될 것입니다.

## 제8장

품질 속성 간 트레이드-오프

8.1
아키텍처 설계의 본질: 트레이드-오프

소프트웨어 아키텍처 설계는 종종 '예술'에 비유되지만, 그 본질은 제한된 자원 속에서 상충하는 가치의 우선순위를 정하는 **'트레이드-오프(Trade-off)'**의 과정입니다. 완벽한 아키텍처란 존재하지 않으며, 모든 품질 속성을 동시에 최고 수준으로 충족시키는 것은 불가능합니다.

아키텍트는 비즈니스 목표, 기술적 제약, 예산, 시간 등의 요소를 고려하여 어떤 품질 속성에 투자하고, 다른 품질 속성을 어느 정도 희생할 것인지 전략적으로 결정해야 합니다. 이러한 트레이드-오프 결정은 아키텍처의 성공과 실패를 좌우하는 핵심적인 의사결정이며, 아키텍트의 경험과 통찰력이 가장 빛을 발하는 순간입니다.

GPT AI는 이러한 복잡한 트레이드-오프 상황에서 다양한 대안을 제시하고, 각 대안의 장단점을 분석하여 아키텍트의 의사결정을 지원하는 강력한 도구가 될 수 있습니다.

8.2
주요 품질 속성 간의 트레이드-오프 관계 분석

이 책에서 다룬 주요 품질 속성들 간에는 서로 상충하는 관계가 존재합니다. 몇 가지 대표적인 트레이드-오프 사례를 살펴보고, 이에 대한 효과적인 전략을 제시합니다.

8.2.1 보안 vs 성능

보안을 강화하면 시스템 **성능 저하**가 발생하는 것은 가장 일반적인 트레이드-오프입니다. 예를 들어, 데이터를 암호화하는 것은 기밀성을 높이지만, 암호화-복호화 과정에서 CPU 자원을 소모하고 응답 시간을 증가시킵니다. 또한, 다단계 인증(MFA)이나 세분화된 접근 제어는 보안을 강화하지만, 사용자 로그인 및 리소스 접근 시 추가적인 처리 단계를 거치므로 지연 시간을 늘릴 수 있습니다. 웹 방화벽(WAF)이나 침입 탐지 시스템(IDS)과 같은 보안 검사 도구를 사용하는 것도 네트워크 트래픽을 검사하는 과정에서 오버헤드가 발생하여 시스템 처리량을 감소시킬 수 있습니다.

[트레이드-오프 전략]: 보안 요구의 중요도를 정확히 분석하고, 민감도에 따라 보안 수준을 달리 적용하는 계층적 보안(Layered Security) 전략을 사용합니다. 예를 들어, 핵심 민감 데이터에만 강력한 암호화를 적용하고, 비동기 보안 검사를 도입하여 성능 영향을 최소화합니다.

8.2.2 가용성 vs 일관성(CAP 이론)

분산 시스템 설계에서 가장 유명한 트레이드-오프인 CAP 이론은 일관성(Consistency), 가용성(Availability), 분할 허용성(Partition Tolerance) 중 동시에 세 가지를 모두 만족할 수 없으며, 최대 두 가지만 선택할 수 있다는 원리입니다.

- **CP(일관성 + 분할 허용성)**: 네트워크 장애 시 데이터 정확성(일관성)을 우선 보장하며, 일부 노드 서비스가 중단(가용성 포기)될 수 있습니다. (예: 금융 거래, 은행 계좌 시스템)
- **AP(가용성 + 분할 허용성)**: 네트워크 장애 시에도 서비스가 중단 없이(가용성) 항상 응답을 제공합니다. 이 경우 일시적인 데이터 불일치(일관성 포기)가 발생할 수 있습니다. (예: 소셜 미디어 피드, 추천 시스템, 장바구니)

[트레이드-오프 전략]: 비즈니스 요구사항에 따라 **AP** 또는 **CP** 중 하나를 전략적으로 선택해야 합니다. 데이터 일관성이 잠시 늦춰져도 되는 시스템에는 결과적 일관성(Eventual Consistency)을 허용하는 AP 시스템을 선택하여 높은 가용성을 확보합니다.

8.2.3 확장용이성 vs 변경용이성

시스템을 극도로 확장 가능하게 설계하는 것이 항상 변경하기 쉬움을 의미하지는 않습니다.

- **복잡한 분산 구조**: 마이크로서비스 아키텍처, 데이터 샤딩 등 확장성을 위한 복잡한 패턴은 필수적으로 초기 개발 및 운영 복잡성을 증가시켜 변경용이성을 저해할 수 있습니다.

○**느슨한 결합의 관리**: 마이크로서비스는 개별 서비스의 변경용이성을 높이지만, 서비스 간의 복잡한 의존성, 분산 트랜잭션 등 전체 시스템의 변경 관리를 어렵게 만들 수 있습니다.

[트레이드-오프 전략]: **점진적 아키텍처(Evolutionary Architecture)** 접근 방식을 채택합니다. 초기에는 과도한 확장성 메커니즘을 피하고, 성장 경로에 따라 점진적으로 확장 가능한 구조를 구축합니다.

8.2.4 사용편의성 vs 보안

높은 보안 수준은 종종 사용자에게 불편함을 초래하여 **사용편의성을 저해**합니다.

○**엄격한 정책**: 복잡한 비밀번호 정책, 잦은 재인증 요구 등은 보안을 강화하지만 사용자 경험을 방해합니다.

[트레이드-오프 전략]: 사용자 편의성을 해치지 않으면서 보안을 강화하는 방안(예: 생체 인증, Single Sign-On, 위험 기반 인증)을 모색하여, 보안과 편의성의 균형점을 찾습니다.

8.3
트레이드-오프 의사결정 과정과 GPT AI의 활용

트레이드-오프 의사결정은 다음 단계로 진행되며, GPT AI는 각 단계에서 강력한 조력자 역할을 합니다.

8.3.1 트레이드-오프 의사결정 과정

1. **요구사항 명확화**: 각 품질 속성의 목표 수준을 구체적으로 정의합니다.
2. **이해관계자 의견 수렴**: 비즈니스 목표를 바탕으로 각 품질 속성에 대한 중요도와 제약사항을 수렴합니다.
3. **대안 아키텍처 탐색**: 정의된 요구사항을 만족할 수 있는 여러 아키텍처 대안을 탐색합니다.
4. **트레이드-오프 분석**: 각 대안이 특정 품질 속성을 얼마나 충족하고, 다른 속성에 어떤 영향을 미치는지 정성적/정량적으로 분석합니다.
5. **의사결정 및 정당화**: 최적의 대안을 선택하고, 해당 결정의 근거(Rationale)와 최종 책임 및 트레이드-오프 결과를 명확히 문서화합니다.

8.3.2 GPT AI를 활용한 트레이드-오프 의사결정 지원

GPT AI는 아키텍트가 다양한 대안과 그 결과를 신속하게 분석할 수 있도록 돕습니다.

○ **품질 속성 우선순위화 요청**:

"우리 플랫폼의 다음 목표는 '안정성 강화'와 '매출 증대'야. 보안, 성능, 가용성, 변경 용이성 중 어떤 것에 우선순위를 두고 어떤 것을 희생해야 할까? 각 품질 속성이 목표 달성에 미치는 영향을 분석해 줘."

○ **아키텍처 대안 트레이드-오프 분석**:

"ShopSmart 재고 시스템 DB로 RDB 클러스터와 NoSQL(Cassandra) 분산 시스템을 CAP 이론 관점에서 비교해 줘. 데이터 일관성, 실시간 성능, 운영 복잡성 측면에서 두 대안의 트레이드-오프를 상세히 분석해 줘."

○ **트레이드-오프 결정 문서화 지원**:

"사용자 인증 시스템에서 '강력한 보안'과 '높은 사용편의성' 사이에서 위험 기반 인증을 도입하기로 결정했어. 이 결정에 대한 설계 결정 문서(ADD) 초안을 작성해 줘. 주요 고려사항, 장단점, 결정 사유를 포함해."

8.4
성공적인 트레이드-오프를 위한 아키텍트의 자세

성공적인 트레이드-오프 결정을 내리기 위해 아키텍트는 다음과 같은 자세를 갖춰야 합니다.

1. **비즈니스 이해**: 기술적 관점뿐만 아니라 비즈니스 목표와 가치를 깊이 이해하여, 어떤 품질 속성이 비즈니스에 더 중요한지 판단합니다.
2. **데이터 기반 의사결정**: 정성적인 판단 외에 실제 데이터(성능 지표, 사용자 피드백 등)를 기반으로 트레이드-오프의 영향을 분석하고 의사결정합니다.
3. **위험 관리**: 특정 품질 속성을 희생할 때 발생할 수 있는 잠재적 위험을 식별하고, 이에 대한 완화 전략을 함께 수립합니다.
4. **커뮤니케이션 능력**: 다양한 이해관계자들에게 '우리가 왜 이것을 포기했는지' 결정의 배경과 결과를 명확하게 설명하고 동의를 얻어내는 능력이 필수적입니다.

## 제9장

아키텍처와 바이브 코딩

9.1
아키텍처 없는 바이브 코딩의 함정

소프트웨어 개발자라면 누구나 **'바이브(Vibe)'**가 오는 대로 빠르게 코드를 작성하고, 즉각적인 결과물을 확인하며 성취감을 느끼고 싶어 합니다. 최근 GPT AI의 도움으로 프로토타입을 순식간에 구현하는 '바이브 주도 개발(Vibe-Driven Development)'은 개발자에게 더욱 큰 유혹으로 다가옵니다.

하지만 명확하고 견고한 아키텍처 설계 없이 GPT AI가 생성한 코드에만 의존하여 '바이브' 코딩을 지속하면, 시스템은 곧 '윈체스터 미스터리 하우스'와 같은 비극적인 결말을 맞게 됩니다.

미국 캘리포니아에 위치한 이 기이한 저택은 38년간 명확한 설계도 없이 즉흥적인 증축을 거듭한 결과, 문을 열면 벽이 나오고 계단이 천장으로 이어지는 등, 부분적으로는 화려하지만 전체적인 목적과 흐름을 잃어버린 미로가 되었습니다.

아키텍처가 부재한 소프트웨어 시스템도 이와 같습니다.

○**파편화된 기능**: 개별 기능은 동작하지만, 시스템 전체적인 일관성이 부족하여 유지 보수가 불가능해집니다.

○**예측 불가능한 사이드 이펙트**: 간단한 수정이 시스템의 예상치 못한 부분에 치명적 장애를 초래합니다.

○**결핍된 품질 속성**: 성능, 보안, 확장용이성과 같은 핵심 품질 속성은 초기 설계(아키텍처) 구조 자체에 내재되어야 함에도 불구하고, 뒤늦게 땜질식으로 추가할 수밖에 없습니다. 즉, GPT AI가 아무리 좋은 코드를 생성하더라도, 기초 설계가 틀리면

소용이 없습니다.

결국 초기에는 빨랐던 '바이브 코딩'의 속도는 스파게티처럼 얽힌 코드의 무게에 짓눌려 멈춰 서며, 프로젝트는 실패의 길로 접어듭니다.

9.2
아키텍처: 자유로운 놀이터를 위한 울타리

견고한 아키텍처는 창작의 자유를 억압하는 족쇄가 아니라, 기술 부채의 위험 없이 안전하고 빠르게 움직일 수 있는 '자유로운 놀이터'를 위한 구조적 울타리입니다. 아키텍처는 다음과 같은 핵심 가치를 제공하며 바이브 코딩을 지원합니다.

1. **경계 설정**: 아키텍처는 시스템 컴포넌트 간의 명확한 경계와 공동의 약속인 인터페이스(API)를 정의합니다. 이를 통해 각 팀은 다른 팀의 작업이 완료되기를 기다릴 필요 없이 자신이 맡은 영역에서 마음껏 코딩할 수 있습니다. 예를 들어, 백엔드 팀이 AI 모델을 개발하는 동안, 프론트엔드 팀은 약속된 API를 호출하는 뼈대(Skeleton)만 가지고 UI/UX에 집중할 수 있습니다.

2. **품질 보장**: 성능, 보안, 가용성 등 핵심 품질 속성이 구조적으로 내재화됩니다. 개발팀은 이 울타리 안에서 코드를 작성하는 것만으로도 시스템의 기본적인 품질이 보장된다는 확신을 가질 수 있습니다.

3. **일관성 확보**: 아키텍처 스타일과 전술은 데이터 처리 방식, 오류 처리, 인증 방식 등에 대한 일관된 규칙을 제공하여, 시스템이 파편화되는 것을 방지합니다.

9.3
'아키텍처와 바이브 코딩'의 실천 전략: 워킹 스켈레톤

아키텍처와 바이브 코딩의 시너지를 극대화하는 가장 실천적인 전략은 워킹 스켈레톤 구축입니다. 이처럼 아키텍처가 제공하는 견고한 경계와 워킹 스켈레톤이라는 '약속된 뼈대'는, 개발팀이 각자의 전문 영역에서 창의적이고 빠른 속도(바이브 코딩)로 결과물을 생산할 수 있게 하는 핵심 동력입니다.

9.3.1 워킹 스켈레톤의 역할과 중요성

- **아키텍처 검증**: 설계 단계에서 정한 핵심 컴포넌트 간의 기술적 연동(네트워크, 미들웨어, 데이터베이스 연결)이 실제로 동작하는지 조기에 검증합니다.
- **통합 위험 완화**: 각 팀이 구현한 기능이 통합될 때 발생하는 위험을 최소화하고, 통합 포인트를 명확히 합니다.
- **병렬 개발 지원**: 워킹 스켈레톤이 제공하는 약속된 API를 바탕으로 프론트엔드와 백엔드 팀이 동시에 병렬 개발을 시작할 수 있게 하여 개발 속도를 획기적으로 높입니다.

9.3.2 GPT AI를 활용한 워킹 스켈레톤 구축 가속화

GPT AI는 아키텍트가 정의한 설계 약속(API, 통신방식)을 바탕으로 워킹 스켈레톤 구축 과정을 혁신적으로 가속화합니다.

1. 1단계: 인터페이스 정의 및 코드 생성

- **프롬프트 예시**: "ShopSmart의 상품 추천 서비스와 모바일 앱 간의 통신을 위해 REST API를 설계해 줘. API 경로는 /users/{userId}/style-recommendations이고, 응답 데이터는 productId 목록을 JSON 배열 형태로 반환해야 해. 이 명세를 바탕으로 Python Flask로, 실제 모델 추론 로직 없이 하드코딩된 더미 데이터만 반환하는 워킹 스켈레톤 코드를 생성해 줘."

- **결과**: GPT AI는 아키텍처에서 정의된 명세(경로, 규격)에 완벽히 일치하는 API 엔드포인트와 최소한의 구동 로직을 순식간에 생성합니다.

2. 2단계: 인프라 정의 코드 생성

- **프롬프트 예시**: "위에서 생성한 Python Flask 애플리케이션을 AWS ECS Fargate에 배포하기 위한 Dockerfile과 Terraform 기반의 인프라스트럭처 정의 코드 초안을 작성해 줘. 고가용성(Multi-AZ)을 고려해야 해."

- **결과**: GPT AI는 아키텍처의 물리적 뷰(AWS, 고가용성)를 만족하는 실행 가능한 IaC(Infrastructure as Code)를 제공하여, 개발팀이 인프라 설정에 시간을 낭비하지 않도록 합니다.

9.4
사례 연구: ShopSmart의 추천 서비스와 워킹 스켈레톤

ShopSmart의 새로운 **AI 기반 상품 추천 서비스** 개발 과정에서 '아키텍처 & 바이브 코딩' 전략이 어떻게 적용되었는지 살펴보겠습니다.

1. 아키텍처 결정 및 API 명세

- 아키텍트는 추천 서비스의 핵심 기능(사용자 스타일 기반 상품 추천)을 정의하고, 모바일 앱과의 인터페이스로 GET /users/{userId}/style-recommendations 형태의 REST API를 설계했습니다. 응답은 productId 목록의 JSON 배열로 약속했습니다.
- 백엔드 팀은 Python Flask, 프론트엔드 팀은 React Native를 사용하기로 결정했습니다.

2. 워킹 스켈레톤 구축

- **백엔드(AI 추천 서비스) 팀**: GPT AI의 도움을 받아 위 API 경로를 구현하고, 실제 AI 알고리즘 대신 ["SHIRT-001", "PANTS-002"]와 같은 고정된 상품 ID 목록을 반환하는 더미 워킹 스켈레톤 코드를 생성했습니다.
- **프론트엔드(모바일 앱) 팀**: 백엔드 팀이 제공한 워킹 스켈레톤 API 명세를 바탕으로, 해당 API를 호출하고 고정된 상품 목록을 바탕으로 UI가 제대로 그려지는지 검증하는 앱의 뼈대를 빠르게 구축했습니다.

3. 병렬 바이브 코딩:

- **백엔드 AI 엔지니어**: 워킹 스켈레톤 API가 이미 시스템 경계와 연동 방식을 약속된 대로 동작시키므로, 실제 복잡한 비즈니스 로직 및 딥러닝 추천 알고리즘 개발에 오롯이 집중할 수 있었습니다. 외부와의 연동에 대한 걱정 없이 자신의 '바이브'에 맞춰 모델을 구현했습니다.
- **프론트엔드 UX/UI 개발팀**: 백엔드 API가 언제 완성될지 기다릴 필요 없이, 이미 동작하는 더미 데이터로 사용자 경험(UX) 최적화와 UI 구현에 집중했습니다. 어떤 방식으로 상품을 보여 줄 때 사용자들이 가장 흥미를 느끼고 구매로 이어지는지에 대한 A/B 테스트를 진행하며 '바이브'에 맞춰 빠르게 UI를 개선했습니다.

4. 성공적인 통합

- 두 팀은 서로 기다릴 필요 없이 독립적으로 개발을 완료했습니다.
- AI 모델이 완성되자마자, 백엔드 워킹 스켈레톤의 더미 코드만 실제 AI 로직으로 대체되었으며, 이미 검증된 API 인터페이스 덕분에 통합 위험 없이 안정적으로 서비스가 출시될 수 있었습니다.

이처럼 아키텍처가 제공하는 견고한 경계와 워킹 스켈레톤이라는 '약속된 뼈대'는 개발팀이 각자의 전문 영역에서 창의적이고 빠른 속도(바이브 코딩)로 결과물을 만들어 낼 수 있게 하는 핵심 동력입니다.

'아키텍처와 바이브 코딩'은 상충하는 개념이 아니라 상호 보완적인 개념입니다. 아키텍트는 GPT AI의 도움으로 통합 위험을 제거하는 견고하고 유연한 워킹 스켈레톤을 빠르게 구축하여, 개발팀이 기술 부채의 위험 없이 오직 비즈니스 가치를 창출하는 '바이브 코딩'에만 집중할 수 있는 환경을 조성해야 합니다.

## 제10장

GPT AI와 아키텍트의 대화법

10.1
프롬프트 엔지니어링의 본질: GPT AI와 명확하게 소통하는 기술

GPT AI와 같은 대규모 언어모델(LLM)은 방대한 지식과 탁월한 추론 능력을 갖춘 강력한 의사결정 파트너입니다. 하지만 그 성능은 전적으로 사용자가 무엇을 원하는지 얼마나 명확하고 구조적으로 지시하느냐에 달려 있습니다.

프롬프트 엔지니어링은 이러한 GPT AI 파트너에게 최적의 설계 결과를 도출하기 위한 구조적 과업지시서를 작성하는 기술이자, 복잡한 아키텍처 문제를 해결하기 위한 아키텍트의 훈련된 사고방식입니다.

10.1.1 프롬프트 엔지니어링 vs 단순 질문

[단순 질문(효과 낮음)]

"마이크로서비스 아키텍처를 설명해 줘."

[GPT AI 응답 결과]

일반적이고 뻔한 설명만 반복됨

[프롬프트 엔지니어링(효과 높음)]

"너는 10년 경력의 AWS 아키텍트다. ShopSmart 이커머스 플랫폼이 현재 모놀리식 구조에서 마이크로서비스로 마이그레이션하려고 한다.

주요 제약:

- 팀 규모: 5명

- 기존 기술: Python Django

- 예산: 월 5,000만 원

- 목표: 배포 주기를 월 1회 → 주 5회로 단축

이 상황에서 마이크로서비스 도입 시 장단점을 평가해 줄래?"

[GPT AI 응답 결과]

ShopSmart의 구체적 상황에 맞춘 실질적인 분석 제공

10.1.2 프롬프트 엔지니어링의 핵심 가치

○**아키텍처 설계 시간 단축**: 수주 → 수일

○**더 포괄적인 분석**: 사람이 놓칠 수 있는 관점을 보완

○**설계 검증**: GPT AI의 비판적 관점을 통해 약점을 발견

○**반복적 개선**: 대화를 통한 지속적 정정

10.2
아키텍트의 GPT AI 활용 4가지 핵심 원칙

효과적인 아키텍처 설계를 위해 GPT AI와 협업할 때 반드시 지켜야 할 4가지 핵심 원칙은 다음과 같습니다.

10.2.1 원칙 1: 명확한 역할(페르소나)과 목표 부여

GPT AI에게 구체적인 전문가 페르소나를 부여하며, 측정 가능한 목표를 명확히 제시해야 합니다.

[나쁜 예]

"마이크로서비스 아키텍처에 대해 설명해 줘."

[좋은 예]

"너는 15년 차 클라우드 보안 아키텍트다. 지금부터 ShopSmart 이커머스 플랫폼의 API 보안 설계를 도와주는 것이 너의 목표야. 특히 GDPR 준수에 초점을 맞춰 답변해."

10.2.2 원칙 2: 풍부하고 정확한 맥락(Context) 제공

GPT AI가 내놓는 답변의 품질은 아키텍트가 제공하는 맥락(Context)의 깊이에 정비례합니다. 'Garbage In, Garbage Out' 원칙이 적용되며, AI가 현실적이고 관련성 높은 해결책을 제시하도록 비즈니스, 기술, 조직의 맥락을 충분히 제공해야 합니다.

반드시 포함할 맥락

1. 비즈니스 요구사항

- 시스템의 목적과 핵심 문제
- 예: "ShopSmart는 개인화 추천으로 전환율을 높이려고 함"

2. 품질 속성 요구사항

- 성능, 보안, 가용성 중 무엇이 가장 중요한가
- 예: "응답 시간 200ms 이하, 연간 다운타임 5분 이하"

3. 기술/운영 제약 조건

- 반드시 사용해야 하는 기술 스택
- 예: "AWS 필수, Python 선호, 팀은 Kubernetes 경험 부족"

4. 조직 및 팀 특성

- 팀 규모, 기술 수준, 시간 제약
- 예: "5명 팀, 예산 월 5000만원, 3개월 내 배포 필요"

5. 이전 결정 사항

- 이미 내린 결정과 그 이유
- 예: "마이크로서비스 아키텍처 선택 이유: 배포 민첩성"

[나쁜 예]

"성능을 개선해 줄 수 있나?"

[좋은 예]

"ShopSmart 상품 검색 서비스:

- 현재 평균 응답 시간: 1.2초

- 목표 응답 시간: 0.5초 이하

- 동시 사용자: 500명

- 검색 대상: 10만 개 상품

- 현재 기술: Python Flask + PostgreSQL + 기본 인덱싱

성능 개선을 위한 아키텍처 전술을 제안해 줄래?"

10.2.3 원칙 3: 구체적인 결과물 형식과 구조 정의

GPT AI는 창의적이지만, 결과물을 아키텍처 문서에 바로 활용하려면 **형식의 일관성**이 중요합니다. 원하는 결과물이 있다면, 그 형태와 구조(예: 마크다운 표, 코드 블록, 특정 템플릿)를 구체적으로 명시해야 합니다.

[나쁜 예]

"대안을 생각해 줘"

→ 단락으로만 길게 늘어남, 비교하기 어려움

[좋은 예]

"'캐싱 강화', 'DB 최적화', '비동기 처리' 3가지 대안을 비교해줘. 각 대안에 대해 다음 네 가지 항목을 포함해:

1. 효과

2. 구현 난도

3. 비용

4. 예상 효과

결과는 마크다운 테이블로 정리해줘."

10.2.4 원칙 4: 단계적 대화와 반복적 개선(Chain of Thought)

복잡한 아키텍처 설계를 단 하나의 프롬프트로 완성하려는 것은 가장 흔한 안티패턴(Anti-pattern)입니다. GPT AI와의 상호작용은 단발성 '명령'이 아닌 '단계적 대화(Chain of Thought)'를 통해, 복잡한 문제를 분해하고 논리를 심화해야 합니다.

[잘못된 방식(한 번에 모든 것 요구)]

"ShopSmart 전체 아키텍처를 설계해 줘.

보안, 성능, 가용성, 비용을 모두 고려하고, 다이어그램과 구현 로드맵까지 포함해."

→ 너무 방대하고 피상적인 답변만 옴

[올바른 방식(단계적 대화)]

1 단계: 상위 수준 결정

"너는 ShopSmart 아키텍트야. 마이크로서비스 아키텍처를 선택한 이유를 비즈니스 관점에서 정당화해 줄래?"

→ 답변을 받고 이를 기초로 다음 단계 진행

2 단계: 구체적 패턴 선택

"마이크로서비스 아키텍처를 선택했다면, 서비스 간 통신은 REST API와 비동기 메시징 중 어느 것이 낫나? ShopSmart의 주문/결제/재고 서비스 간 통신을 예시로 설명해 줘."

→ 각 서비스 조합별 최적 통신 방식을 이해

3단계: 세부 구현

비동기 메시징을 선택했다면,

"Apache Kafka와 AWS SQS 중 어떤 것이 낫나? 각각의 장단점과 ShopSmart 상황에서의 적합성을 비교해 줄래?"

→ 구체적 기술 선택

4단계: 예상 문제와 대응

"Kafka를 선택했을 때 예상되는 운영 문제 3가지와 각각의 대응 방안을 제시해 줄래?"

→ 리스크 관리

10.3
6가지 프롬프트 패턴 상세 가이드

10.3.1 패턴 1: 아키텍처 대안 평가

언제 사용하나:

○ 주요 아키텍처 결정을 앞두고 있을 때

○ 여러 선택지 중 최선을 고르기 어려울 때

○ 트레이드-오프를 명확히 하고 싶을 때

템플릿:

너는 [경력년수]의 [역할]이다. 현재 팀은 [상황]에 직면했다.

다음 [N]가지 아키텍처 대안을 평가해 줄래:

1. [대안 1 설명]

2. [대안 2 설명]

3. [대안 3 설명]

제약 사항:

- 기술: [기술 스택]

- 팀 규모: [인원수], 경험: [경험 수준]

- 예산: [금액/월]

- 일정: [기간]

- 핵심 목표: [가장 중요한 것]

테이블 형식으로 대안1, 대안2, 대안3에 대해 장점, 단점, 트레이드-오프, 구현 기간, 예상 비용, 상황 적합도를 비교해 줄래? 마지막으로 최종 권고와 선택 이유를 써 줄래?

ShopSmart 사례

[아키텍트의 입력]

"너는 10년 경력의 클라우드 아키텍트야. ShopSmart 이커머스 플랫폼이 현재 모놀리식 구조에서 새로운 아키텍처로 전환하려고 한다.

핵심 요구사항:

- 배포 주기: 월 1회 → 주 5회로 단축

- 팀 규모: 5명(Docker 경험 있음, Kubernetes 없음)

- 기술 스택: Python 선호

- 예산: 월 5천만 원

- 기간: 3개월

다음 3가지 아키텍처를 평가해 줄래?:

1. 계층형 아키텍처(Layered Architecture)

2. 마이크로서비스 아키텍처(Microservices)

3. 서비스 기반 아키텍처(Service-Based)

테이블 형식으로 각 대안을 비교해 줄래?"

GPT AI의 결과를 보고 아키텍트는 다음과 같이 피드백하고 결과를 좀 더 개선할 수 있습니다.

[아키텍트의 피드백]

"좀 더 깊이 있게 분석해 줄래?

특히:

1. 개발진이 Kubernetes를 모르는데
   마이크로서비스를 도입해도 3개월 내에 구축 가능할까?

2. 계층형 + CI/CD 개선으로도 주 2회 배포가 가능하다면,
   왜 굳이 마이크로서비스의 복잡도를 감수해야 할까?

3. 각 아키텍처의 실제 운영 비용을 월별로 비교해 줄 수 있나?"

10.3.2 패턴 2: 성능 병목 진단

언제 사용하나:

○성능 목표를 달성하지 못할 때
○"어디가 느린지" 명확하지 않을 때
○성능 개선 우선순위를 정할 때

템플릿:

시스템 [시스템명]:

- 기술 스택: [언어, 프레임워크, DB]

- 현재 성능: [평균 응답 시간], [95 percentile]

- 목표 성능: [목표 응답 시간]

- 사용자 규모: [동시 사용자], [일일 요청]

- 데이터: [데이터 규모]

현재 경험한 문제:

- [증상 1: 어느 기능이 느린가]

- [증상 2]

- [발생 시간: 언제 느린가]

병목 지점을 분석해 줄래?

각 후보별로:

1. 그게 병목일 가능성(%)

2. 해결 기술

3. 예상 개선 효과

4. 구현 복잡도

우선순위 순서로 정렬해서 표로 만들어 줄래?

ShopSmart 사례: 상품 검색 응답 시간

[아키텍트의 입력]

"ShopSmart 상품 검색 서비스 성능 진단:

현재 상태:

- 기술: Python Flask + PostgreSQL + 기본 인덱싱

- 동시 사용자: 500명

- 상품 데이터: 10만 개

- 현재 응답 시간: 평균 1.2초, 95th percentile 2.5초

- 목표: 평균 0.5초 이하, 95th 1.0초 이하

증상:

- 오후 4-6시 피크 시간에 응답이 5초까지 늘어남

- 필터링(가격 범위, 평점)이 포함된 쿼리가 특히 느림

- 모바일 앱 사용자들의 이탈이 증가 중

병목이 DB인지, 앱 로직인지, 네트워크인지 진단해 줄래?"

[아키텍트의 피드백]

"DB 최적화 외에 빠르게 효과를 볼 수 있는 다른 방안도 없나? 기존 PostgreSQL DB 를 유지해야 하고, 매우 빠른 개선이 필요해. 3주 내에 0.5초 달성 가능한 방안들을 비용, 구현 시간, 예상 효과로 비교해 줄래? 테이블로 정렬해서 보여 줘."

10.3.3 패턴 3: 보안 위협 분석

언제 사용하나:

○ 보안 요구사항을 정의할 때

○ 설계한 아키텍처의 보안 취약점을 찾을 때

○ 보안 테스트 계획을 수립할 때

템플릿:

시스템 [시스템명]:

핵심 자산:

- [민감 데이터, 핵심 기능]

- [규모]

관련 규정:

- [GDPR, PCI-DSS 등]

현재 아키텍처:

- [주요 컴포넌트와 통신 방식]

- [데이터 저장소]

- [외부 연동]

분석해 줄 내용:

1. ShopSmart 아키텍처의 특수성을 고려한 OWASP Top 10 관점에서 예상 위협

2. 현재 아키텍처의 구체적 보안 취약점

3. 각 취약점별 실제 공격 시나리오

4. 각 시나리오별 완화 방안 및 기술

5. 우선순위와 구현 복잡도

각 위협을 테이블로 정리해 줄래?

우선순위 순으로 정렬해 줘.

ShopSmart 사례: 결제 시스템 보안

[아키텍트의 입력]

"ShopSmart 결제 시스템 보안 분석:

핵심 자산:

- 신용카드 정보(PCI-DSS 규정 필수)

- 사용자 계좌 정보

- 거래 이력

아키텍처:

- API Gateway → 결제 서비스(마이크로서비스)

- 외부 결제 게이트웨이(Stripe) 연동

- RDS PostgreSQL에 거래 데이터 저장

- 모든 통신 HTTPS/TLS

현재 아키텍처에서 OWASP Top 10 관점의 구체적 보안 취약점을 분석해 줄래?

각 위협별 공격 시나리오와 완화 방안을 표로 정리해 줄래?"

[아키텍트의 피드백]

"너무 일반적이야.

현재 아키텍처에서 "실제로" 발생 가능한 취약점만 구체적으로 들어 줄래?

예를 들어:

- API Gateway와 결제 서비스 간 통신은?

- 결제 게이트웨이와의 연동은?

- 데이터베이스 접근 제어는?

각각에 대해 실제 공격 시나리오를 들고,

비용-난도-효과 관점에서 완화 방안을 제시해 줄래?"

10.3.4 패턴 4: 트레이드-오프 의사결정

언제 사용하나:

○ 상충하는 요구사항 중 우선순위를 정할 때

○ "보안 vs 성능", "비용 vs 품질" 같은 선택을 할 때

○ 의사결정 근거를 명확히 하고 싶을 때

템플릿:

비즈니스 상황:

- 비즈니스 목표: [목표]

- 시장 상황: [경쟁 상황]

- 제약: [기술, 비용, 시간, 팀]

선택해야 할 것:

[선택 1] vs [선택 2]

각 선택의 구체적 영향:

선택 1:

- 비용: XX만 원

- 시간: X주

- 장점: [구체적]

- 단점: [구체적]

- 위험: [구체적]

선택 2:

- 비용: YY 만 원

- 시간: Y주

- 장점: [구체적]

- 단점: [구체적]

- 위험: [구체적]

현재 상황에서는 비즈니스 목표 달성 관점에서 어느 것이 나을까? 순위를 기준으로 수치화된 비용-편익 분석으로 비교해 줄래? 장기적 영향도 고려해 줄래?

ShopSmart 사례: 마이크로서비스 아키텍처 vs 모놀리식 아키텍처

[아키텍트의 입력]

"ShopSmart의 핵심 딜레마:

상황:

- 현재 모놀리식, 배포 주기 월 1회

- 목표: 배포 주기 주 5회(기능 빠른 출시)

- 팀: 5명, Python Django 숙련, Kubernetes 미경험

- 예산: 월 5,000만 원

- 기간: 3개월 내 전환 필수

선택지:

1. 모놀리식 유지 + 배포 프로세스 개선(CI/CD)

   - 예상 배포 주기: 주 2회

   - 예상 비용: 월 1,000만 원(개발 2주)

- 팀 영향: 낮음

2. 마이크로서비스 아키텍처로 전환(AWS ECS Fargate)

  - 예상 배포 주기: 주 5회

  - 예상 비용: 4,000만 원(8주) + 월간 운영 500만 원

  - 팀 영향: 높음

수치화된 비용-편익 분석으로 비교해 줄래?"

[아키텍트의 피드백]

"더 구체적으로 분석해 줄래?

"배포 주기 주 2회"로도 충분한가? 아니면 "주 5회"가 정말 필요한가?

비즈니스 임팩트를 수치로 보여 줄래?

- 기능 출시 속도가 빨라지면 매출 몇 % 증가?

- 마이크로서비스 운영 비용 월 5000만원 증가 대비 그 비용을 회수할 수 있나?"

10.3.5 패턴 5: 아키텍처 문서 작성

언제 사용하나:

○아키텍처 설계를 문서화해야 할 때

○팀원이나 이해관계자에게 설명해야 할 때

○의사결정 배경을 기록해야 할 때

템플릿:

다음 정보를 바탕으로 아키텍처 문서를 작성해 줄래?

[시스템 개요]

- 시스템명: [이름]

- 목적: [비즈니스 목표]

- 주요 기능: [기능 1, 2, 3]

[핵심 요구사항]

- 성능: [목표]

- 보안: [요구사항]

- 가용성: [목표]

- 기타: [제약사항]

[아키텍처 결정]

- 스타일: [선택]

- 이유: [선택 이유]

[주요 컴포넌트]

- [컴포넌트 1]: [역할]

- [컴포넌트 2]: [역할]

문서 형식:

- 개요(1단락)

- 주요 아키텍처 요구사항(표)

- 아키텍처 개요(텍스트 + 다이어그램)

- 주요 결정과 근거(표)

- 위험 요소와 완화책(표)

- 팀의 중요한 규칙 3가지

아키텍처 문서 핵심 포인트:

○문서는 단순 설명이 아니라 "팀의 의사결정 가이드"

○"왜 이 선택을 했는가"를 명시하면 미래의 유사한 결정 시 참고 가능

○"중요한 규칙"을 명시하면 온보딩이 훨씬 효과적

10.3.6 패턴 6: 설계 리뷰 및 개선

언제 사용하나:

○완성된 아키텍처 설계를 비판적으로 검토할 때

○팀에서 놓친 부분이 없는지 확인할 때

○배포 전 최종 검증을 할 때

템플릿:

아키텍처 설계를 비판적으로 검토해 줄래?

[현재 설계 요약]

- 아키텍처 스타일: [선택]

- 주요 기술: [기술 스택]

- 주요 결정: [3-5가지]

[고려한 품질 속성들]

- 성능: [어떻게 확보?]

- 보안: [어떻게 확보?]

- 가용성: [어떻게 확보?]

- 기타: [기타]

[우려사항]

- [우려 1]

- [우려 2]

검토해 줄 항목:

1. 놓친 위험 요소가 있나?

2. 각 품질 속성별로 충분히 고려했나?

3. 구현 단계에서 문제가 될 부분이 있나?

4. 개선할 점이 있다면 무엇인가?

상세하고 구체적으로 분석해 줄래?

ShopSmart 사례: 최종 설계 리뷰

[아키텍트의 입력]

"ShopSmart 아키텍처 최종 리뷰:

현재 아키텍처 설계:

- 스타일: 마이크로서비스 아키텍처 + 이벤트 기반

- 기술: Python Flask, PostgreSQL, Elasticsearch, Kafka, AWS ECS

주요 결정:

1. 마이크로서비스 아키텍처 선택(배포 민첩성)

2. Kafka 비동기 통신(느슨한 결합)

3. 다중 데이터 저장소(검색 성능 + 일관성)

4. Multi-AZ 배포(99.9% 가용성)

5. JWT 토큰 기반 인증(보안)

고려한 품질 속성:

- 성능: Redis 캐싱, Elasticsearch 사용으로 0.5초 달성

- 보안: TLS, 암호화, JWT, 침입 탐지

- 가용성: RDS Multi-AZ, Auto Scaling, 헬스 체크

하지만 자신이 없어서 최종 검토를 부탁해.

놓친 게 있나? 실제 구현 시 문제될 부분이 있나?"

[아키텍트의 피드백]

"너무 일반적이야. 더 구체적으로 분석해 줄래?

특히:

1. "데이터 일관성" - 구체적으로 어떤 문제가 생길 수 있나?

2. "운영 복잡도" - 5명 팀이 정말 부족한가? 구체적 부담은?

3. 진짜 놓친 위험 요소가 있나?

4. 각 서비스별로 구현 시 주의할 점?

비판적으로 분석해 줄래?"

10.4
흔한 실수와 해결책

프롬프트를 작성할 때 자주 하는 실수들과 개선 방법입니다.

10.4.1 실수 1: 맥락 제공 부족

[나쁜 예]

"성능을 개선해 줄 수 있나?"

→ GPT AI가 일반적인 조언만 반복

[개선]

"ShopSmart 상품 검색:

- 현재: 1.2초

- 목표: 0.5초

- 동시 사용자: 500명

- 데이터: PostgreSQL 10만 개 상품

- 제약: 예산 5,000만 원, 시간 1주

현 상황에서 최적의 성능 개선 방안은?"

→ ShopSmart의 구체적 상황에 맞는 답변

10.4.2 실수 2: 기대치 불명확

[나쁜 예]

"마이크로서비스 아키텍처 vs 모놀리식, 어느 게 낫나?"

→ 어느 입장에서든 답할 수 있음

[개선]

"배포 주기를 월 1회 → 주 5회로 단축해야 한다.

이 목표를 기준으로:

1. 마이크로서비스 vs 모놀리식 + CI/CD,

   어느 것이 3개월 내에 달성 가능한가?
2. 각각의 예상 비용과 위험은?
3. 개발팀(5명, Python 경험 있음, Kubernetes 경험 없음)이 3개월 내에 구축 가능한가?"

→ 구체적 제약과 목표에 맞춘 답변

10.4.3 실수 3: 한 번에 모든 것을 요구

[나쁜 예]

"ShopSmart 전체 아키텍처를 설계해 줄래?

보안, 성능, 비용을 다 고려하고 다이어그램과 구현 계획까지 포함해."

→ 피상적이고 실용성 없는 답변

[개선]

1단계: "먼저 아키텍처 스타일만 결정해 줄래?

　　　모놀리식 vs 마이크로서비스,

배포 민첩성 관점에서 비교해 줄래?"

2단계: (1단계 결과 받은 후)

"마이크로서비스를 선택했다면,

서비스 간 통신 방식은?

REST API vs Kafka, 현 상황에 맞는 건?"

3단계: (2단계 결과 받은 후)

"이제 보안을 생각해 보자.

현재 아키텍처의 가장 큰 보안 위험은?

각 위험별 완화 방안은?"

→ 단계적 대화로 실질적인 설계 완성

10.5
GPT AI 활용의 한계와 아키텍트의 최종 책임

GPT AI는 강력하지만, 모든 판단의 최종 책임은 언제나 인간 아키텍트에게 있습니다.

10.5.1 GPT AI가 잘하는 것

○방대한 지식 기반 제시(아키텍처 패턴, 기술 스택)

○빠른 분석과 대안 생성

○객관적 비교와 평가 분석

○문서 초안 작성

10.5.2 GPT AI가 못하는 것

○**조직 문화 이해**: "개발팀은 이런 식으로 일해"라는 맥락

○**정치적 판단**: "경영진이 원하는 게 뭘까"라는 이해

○**장기 비전**: "3년 후 회사는 어떤 기술적 부채를 해결하고 어디로 가야 하는가"

○**도메인 특수성**: "동종 업계에서 정말 필요한 기능"

○**최종 책임**: "이 결정이 실패하면 내가 책임진다"는 각오

10.5.3 아키텍트의 역할

GPT AI는 정보 수집과 분석을 담당하고, 아키텍트는 선택과 책임을 담당합니다. 그림 10-1은 AI와 아키텍처의 역할 분담과 전체적인 의사결정 과정을 보여 줍니다.

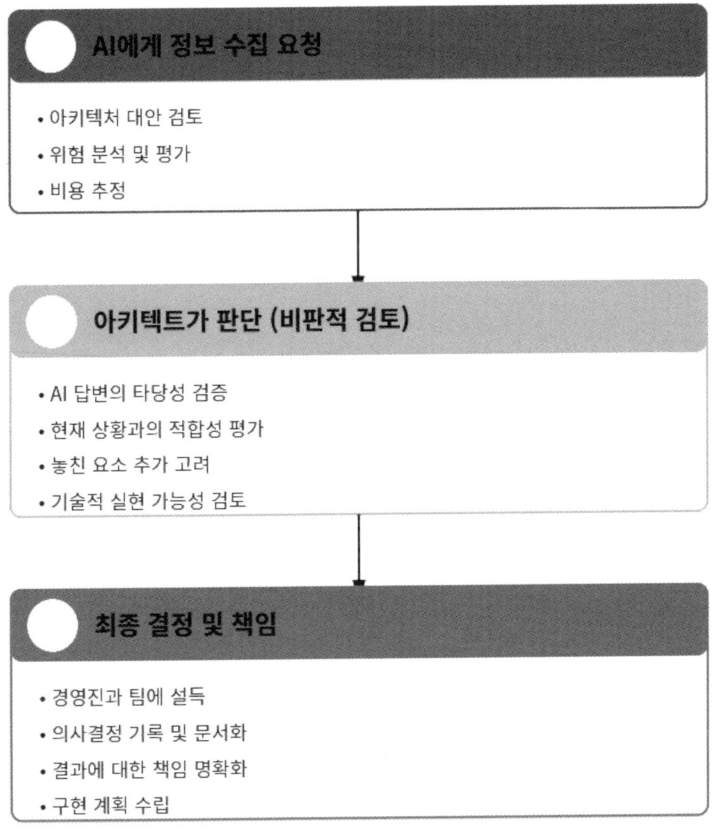

[그림 10-1] 아키텍트의 역할과 의사결정 과정

아키텍트가 해야 할 일

1. AI의 답변을 무조건 따르지 말 것

2. "현재 상황에는 어떻게 적용할 것인가" 항상 묻기

3. 리스크를 과소평가하지 말기

4. 팀의 역량과 조직 현실 반영하기

5. 최종 결정에 대한 책임 명확히 하기

## 제11장

ShopSmart
사례 연구

11.1
이론에서 실전으로, 복합적인 아키텍처 도전 과제

지금까지 우리는 아키텍처 설계의 다양한 개념, 품질 속성 최적화 전술, 그리고 GPT AI가 각 과정에서 어떻게 활용될 수 있는지를 살펴보았습니다. 이제 이러한 이론적 지식들을 실제 비즈니스 시나리오에 적용하여, GPT AI와 함께 복잡한 아키텍처 의사결정 과정을 시뮬레이션할 때입니다. 이 챕터에서는 가상의 이커머스 플랫폼인 ShopSmart를 통해, 1장에서 10장까지 배운 모든 아키텍처 이론이 실제 비즈니스 요구사항 분석부터 워킹 스켈레톤 구현까지 어떻게 통합되고 적용되는지 보여 줄 것입니다.

ShopSmart 사례 연구는 단순히 '결과'만을 나열하는 것이 아니라, '왜 이러한 아키텍처 결정을 내렸는지'에 대한 의사결정 과정과, 그 과정에서 발생했던 트레이드-오프, 실패한 시도, 대안 검토를 생생하게 담아낼 것입니다. 이를 통해 독자들은 GPT AI 시대의 아키텍트가 직면하는 실질적인 도전 과제와 그 해결 방안에 대한 깊은 통찰을 얻을 수 있을 것입니다.

11.2
ShopSmart 개요

비즈니스 목표 및 초기 상황

ShopSmart는 AI를 기반으로 개인화된 쇼핑 경험을 제공하는 이커머스 플랫폼입니다. 핵심 비즈니스 목표는 다음과 같습니다.

- **개인화된 쇼핑 경험 제공**: AI 기반 추천 시스템을 통해 고객의 취향과 행동에 맞는 상품을 제안하여 구매 전환율을 극대화합니다.
- **신속한 시장 대응**: 변화하는 트렌드와 사용자 요구사항에 맞춰 새로운 기능과 서비스를 빠르게 출시합니다.
- **안정적인 서비스**: 연중무휴 24시간 안정적으로 서비스를 제공하며, 대규모 프로모션 시 트래픽 급증에도 문제없이 대응합니다.
- **비용 효율적인 운영**: 클라우드 인프라를 최대한 활용하여 운영 비용을 최적화합니다.

초기 ShopSmart는 MVP(Minimum Viable Product) 형태로 단일 서버 기반의 모놀리식 아키텍처로 구현되었습니다. 하지만 비즈니스가 빠르게 성장하면서 사용자 수가 폭증하고, 새로운 비즈니스 요구사항(예: 라이브 커머스, 음성 검색)이 쉴 새 없이 추가되면서 기존 모놀리식 아키텍처는 한계에 직면하게 됩니다. 배포 주기는 길어지고, 특정 기능의 장애가 전체 서비스로 전파될 위험이 커졌으며, 대규모 트래픽 증가에 유연하게 대응하기 어려워졌습니다.

이에 ShopSmart 경영진과 아키텍처 팀은 이러한 성장통을 해결하기 위해 '이커머스 도메인에서 많은 성공 사례가 있는 마이크로서비스 아키텍처로의 전환'이라는 전략적 결정을 미리 내렸습니다. 이는 서비스의 확장성, 변경용이성, 가용성을 확보하기 위한 전략적 선택이었습니다. 이제 아키텍트는 GPT AI의 도움을 받아, 이 미리 결정된 마이크로서비스 아키텍처라는 큰 틀 안에서, ShopSmart의 구체적인 비즈니스 요구사항과 주요 아키텍처 요구사항(ASR)을 충족시키는 최적의 세부 아키텍처를 설계하고 기술 스택을 확정하기 위한 여정을 시작합니다.

11.3
아키텍처 설계 여정: GPT AI와 함께하는 ShopSmart

11.3.1 아키텍처 스토리 및 이해관계자 요구사항 분석

아키텍처 설계의 첫 단계는 시스템의 비즈니스 목표와 이해관계자 요구사항을 명확히 이해하는 것입니다. 이를 위해 핵심 사용자 시나리오(아키텍처 스토리)를 통해 시스템이 제공해야 할 기능과 서비스의 맥락을 파악합니다.

GPT AI와의 대화 시뮬레이션

아키텍트:

"ShopSmart의 비즈니스 목표와 주요 사용자 스토리는 다음과 같아. 이 정보를 통해 시스템이 어떤 기능을 제공하고 어떤 상황에서 사용될지 분석해 줘. 그리고 이 과정에서 예상되는 이해관계자(사용자, 개발팀, 운영팀, 비즈니스 리더)의 주요 요구사항도 함께 정리해 줘."

○ **비즈니스 목표**: 개인화된 쇼핑 경험 제공, 신속한 시장 대응, 안정적인 서비스, 비용 효율적인 운영.

○ **주요 사용자 스토리**:

1. **사용자**: 웹/모바일 앱을 통해 상품을 검색하고, 개인화된 추천 상품을 확인한다. (개인화, 검색, UI/UX)

2. **사용자**: 상품을 장바구니에 담고, 결제 시스템을 통해 안전하게 결제를 완료한다.

(트랜잭션, 보안, 안정성)

3. **관리자**: 신규 상품을 등록하고, 재고를 관리하며, AI 추천 모델을 주기적으로 업데이트한다. (관리 용이성, 변경 용이성)

4. **사용자**: 블랙 프라이데이와 같은 대규모 프로모션 시, 트래픽이 5배 이상 급증해도 서비스는 정상적으로 동작해야 한다. (확장성, 가용성, 성능)

5. **개발팀**: 새로운 기능을 독립적으로 개발하고 빠르게 배포하고 싶다. (변경 용이성, 개발 생산성)

6. **운영팀**: 시스템 운영을 자동화하고, 문제 발생 시 신속하게 인지하고 대응하고 싶다. (운영 용이성, 모니터링)

GPT AI:

"알겠어. ShopSmart의 아키텍처 스토리와 비즈니스 목표를 분석하여 이해관계자 요구사항을 정리해 줄게.

[이해관계자 요구사항 정리]

○ **최종 사용자**:

- 빠르고 정확한 상품 검색 및 개인화된 추천.

- 직관적이고 일관된 쇼핑 경험(UI/UX).

- 안정적인 결제 및 주문 처리.

- 대규모 이벤트 시에도 끊김 없는 서비스 이용.

○ **비즈니스 리더/경영진**:

- 시장 변화에 빠르게 대응할 수 있는 신속한 신기능 출시.

- 높은 고객 만족도 및 구매 전환율 달성.

- 운영 비용 최적화.

- 데이터 기반 의사결정을 위한 분석 기능.

○ **개발팀**:

- 모듈화된 아키텍처로 독립적인 개발 및 배포 환경.

- 신속한 개발을 위한 효율적인 개발 도구 및 프레임워크.

- 기술 스택 선택의 유연성.

- 코드 재사용성 증대.

○ **운영팀**:

- 안정적인 서비스 운영 및 장애 발생 시 빠른 복구.

- 자동화된 배포 및 인프라 관리.

- 효율적인 모니터링 및 로깅 시스템.

- 보안 취약점 관리 및 규정 준수.

이러한 요구사항들은 앞으로 도출할 ASR의 중요한 기반이 될 거야."

11.3.2 주요 아키텍처 요구사항(ASR) 도출

이해관계자 요구사항 분석을 바탕으로, 아키텍처 설계에 중대한 영향을 미치는 구체적이고 측정 가능한 품질 속성 요구사항인 ASR을 도출합니다.

GPT AI와의 대화 시뮬레이션

아키텍트:

"이해관계자 요구사항 분석 결과가 명확하네. 이제 이 정보들을 바탕으로 ShopSmart에 필요한 핵심적인 아키텍처 요구사항(ASR) 목록을 품질 속성(성능, 보안, 확장성, 가용성, 변경용이성, 사용편의성 등)별로 구체적으로 도출해 줘. 각 ASR은 측정 가능한 형태로 작성하고, 우선순위(P0: 필수, P1: 중요, P2: 보통)를 매겨 줘."

GPT AI:

"알겠어. 제시한 비즈니스 목표와 사용자 스토리를 기반으로 ShopSmart의 핵심 ASR 목록을 도출해 줄게.

[도출된 ASR 목록]

- **성능(Performance)**
  - **ASR-P001(P0)**: 개인화 추천 API 및 상품 검색 API는 0.5초 이내에 99%의 요청에 응답해야 한다. (AI 모델 추론 시간 포함)
  - **ASR-P002(P1)**: 상품 상세 페이지 로딩 시간은 1초 이내에 95%의 요청에 응답해야 한다.
- **확장용이성(Scalability)**
  - **ASR-C001(P0)**: 대규모 프로모션(예: 블랙 프라이데이)으로 인한 트래픽 5배 급증 시, 시스템은 운용팀의 수동 개입 없이 자동 확장되어 성능 저하 없이 트래픽을 처리해야 한다.
  - **ASR-C002(P1)**: 사용자 수가 100배 증가해도 시스템 아키텍처는 유연하게 확장 가능해야 한다.
- **가용성(Availability)**
  - **ASR-A001(P0)**: 핵심 주문 및 결제 시스템은 연간 99.99%의 가용성을 보장해야 한다. (월 4분 20초 이내 다운타임)
  - **ASR-A002(P1)**: 기타 서비스(예: 추천 서비스)는 99.9%의 가용성을 보장해야 한다. (월 43분 50초 이내 다운타임)
- **보안(Security)**
  - **ASR-S001(P0)**: 모든 고객의 개인 식별 정보(PII)와 결제 정보는 전송 중 및 저장 시 암호화되어야 하며, PCI DSS 규정을 준수해야 한다.
  - **ASR-S002(P1)**: 마이크로서비스 간 통신은 안전하게 인증 및 인가되어야 한다.

- **변경용이성(Modifiability)**
  - **ASR-M001(P0)**: 신규 기능(예: 라이브 커머스) 추가 시, 기존 시스템에 큰 영향 없이 2주 이내에 개발 및 배포 가능해야 한다.
  - **ASR-M002(P1)**: AI 추천 모델 변경 또는 업데이트 시, 서비스 중단 없이 1시간 이내에 반영 가능해야 한다.
- **사용편의성(Usability)**
  - **ASR-U001(P1)**: 웹/모바일 앱은 직관적이고 일관된 UI/UX를 제공해야 한다.
  - **ASR-U002(P2)**: 장애 발생 시 사용자에게 명확하고 유용한 피드백을 제공해야 한다.”

11.3.3 아키텍처 합성: 최적 스타일 검증 및 모델 시각화

이해관계자 요구사항과 ASR을 바탕으로 시스템에 적합한 아키텍처 스타일을 선정하는 것은 설계의 큰 방향을 결정하는 중요한 단계입니다. ShopSmart는 이미 마이크로서비스 아키텍처로의 전환 방향을 결정했지만, 이 결정이 ASR에 가장 부합하는지 '검증'하고, 다른 대안들의 한계를 명확히 하여 최종 결정을 '확정'하는 과정을 GPT AI와 함께 거칩니다. 이렇게 검증된 아키텍처 스타일의 합리성을 심도 깊게 평가하고, 앞으로의 상세 설계의 기반을 마련하기 위해 초기 모델 시각화 작업을 병행합니다.

GPT AI와의 대화 시뮬레이션

아키텍트:

“좋아. ASR 목록이 명확하네. 우리는 이미 마이크로서비스 아키텍처로의 전환이라는 큰 방향을 정해 놓은 상태야. 하지만 이 결정이 ShopSmart의 ASR을 실제로 가장 효과적으로 충족시킬 수 있는 최적의 아키텍처 스타일인지, 그리고 다른 아키텍처 스타일은 왜 적합하지 않은지 '검증하고 확정하는 과정'이 필요해. 이 관점에서 다음 아키텍처 스타일들(마이크로서비스, 모놀리식, 서비스 기반 아키텍처)을 ATAM(Architecture Tradeoff Analysis Method) 방식의 평가 보고서 형태로 비교 분석하고, ShopSmart 상황에 가장 적합한 최종 권고안을 제시해 줘. 특히 ASR(성능, 확장용이성, 변경용이성, AI 서비스 통합 용이성) 달성도를 중점적으로 평가해 줘.”

GPT AI:

“알겠어. ShopSmart의 ASR을 기준으로 주요 아키텍처 스타일을 비교 분석하여, 마이크로서비스 아키텍처 선택의 합리성을 ATAM 평가 보고서 형태로 검증해 줄게.

[ATAM 평가 결과: 대안 아키텍처 비교 분석]

○ **모놀리식 아키텍처:**

• **특징**: 모든 기능이 단일 코드베이스와 배포 단위로 구성.

• **장점**: 개발 초기 단순성, 단일 배포 용이, 데이터 일관성 관리 용이.

• **단점**: 낮은 확장성(ASR-C001, ASR-C002), 특정 기능 변경 시 전체 시스템 재배포 위험(ASR-M001, ASR-M002), AI 서비스 통합 시 복잡성 증가.

• **ShopSmart ASR 달성도**: ‘확장용이성’, ‘변경용이성’, ‘AI 통합 용이성’ 측면에서 **낮은 점수**. 초기 MVP에는 적합했으나, 비즈니스 성장에 따른 요구사항 충족에 명확한 한계를 보였어. ASR-A001(가용성) 측면에서도 단일 장애점(SPOF) 위험이 커서 부적합.

• **결론**: ShopSmart의 성장 목표와 핵심 ASR을 고려할 때, 모놀리식은 더 이상 적합하지 않은 아키텍처 스타일이야.

○ **서비스 기반 아키텍처(SOA - Service-Oriented Architecture):**

• **특징**: 모놀리식보다는 서비스가 분리되어 있으나, 공유 데이터베이스, ESB(Enterprise Service Bus) 등 중앙 집중형 요소가 있을 수 있음.

• **장점**: 모놀리식 대비 서비스 분리, 재사용성 증대, 비즈니스 기능별 독립성.

- **단점**: 서비스 간 복잡한 통합(ESB 등), AI 서비스 통합 유연성 부족, 모놀리식보다는 낮지만 마이크로서비스만큼의 민첩성 확보 어려움.
- **ShopSmart ASR 달성도**: '변경용이성' 및 'AI 통합 용이성' 측면에서 **중간 점수**. 부분적인 개선은 가능하나, 진정한 비즈니스 민첩성과 AI 서비스의 독립적 진화에는 한계가 있음.
- **결론**: 마이크로서비스로의 전환을 통해 얻을 수 있는 이점에 비해 SOA는 여전히 비즈니스 요구사항을 완전히 충족시키기에는 부족하다고 판단.

○ **마이크로서비스 아키텍처(MSA - Microservice Architecture)**:

- **특징**: 각 서비스를 독립적인 기능 단위로 분리하고, 각각 개발, 배포, 확장할 수 있음. 각 서비스는 자체 데이터베이스를 가질 수 있음(Polyglot Persistence).
- **장점**: 높은 확장성(개별 서비스 스케일링, ASR-C001, ASR-C002), 높은 변경용이성(독립적인 배포, ASR-M001, ASR-M002), 다양한 기술 스택 활용(Polyglot Persistence), AI 서비스의 독립적인 개발/배포/진화에 최적화. ASR-A001(가용성) 측면에서 장애 격리(Fault Isolation)에 유리.
- **단점**: 높은 운영 복잡성, 분산 시스템의 데이터 일관성/트랜잭션 관리의 어려움.
- **ShopSmart ASR 달성도**: '확장용이성', '변경용이성', 'AI 통합 용이성', '가용성' 측면에서 높은 점수. ShopSmart의 핵심 비즈니스 목표와 ASR 달성에 가장 강력한 스타일.

아키텍처 간 주요 트레이드-오프 분석

○ **초기 개발 속도 vs. 장기적 확장성/변경용이성**:

모놀리식은 초기 개발 속도가 빠르지만, 장기적인 확장성과 변경용이성(ASR-C001, ASR-C002, ASR-M001, ASR-M002)은 마이크로서비스가 압도적으로 우수해. ShopSmart는 장기적 비즈니스 성장과 빠른 시장 대응이 핵심이므로, 초기 복잡성을 감수하고 마이크로서비스의 장기적 이점을 선택해야 해.

○**단순한 운영 vs. 유연한 AI 서비스 통합**:

모놀리식은 운영이 단순하지만 AI 서비스를 독립적으로 빠르게 개선하고 배포하는 데 한계가 명확해. 마이크로서비스는 운영 복잡성이 높지만, AI 서비스의 민첩한 통합과 진화(ASR-M002)에 최적화되어 있음. ShopSmart의 AI 기반 개인화가 핵심 경쟁력이므로, 운영 자동화 도구와 전문 인력을 통해 복잡성을 관리하며 마이크로서비스를 선택하는 것이 합리적이야.

○**데이터 일관성 관리의 용이성 vs. 시스템의 전체 가용성**:

모놀리식은 단일 DB로 강한 데이터 일관성 관리가 용이하지만, 특정 컴포넌트 장애 시 전체 시스템 가용성(ASR-A001)에 영향을 줘. 마이크로서비스는 데이터 일관성 관리가 복잡하지만(최종 일관성), 장애 격리(Fault Isolation)를 통해 전체 시스템의 가용성을 높일 수 있음. ShopSmart는 24/7 서비스와 높은 가용성이 중요하므로, 분산 트랜잭션 패턴(SAGA 등)과 모니터링 강화를 통해 데이터 일관성 복잡성을 관리하고 가용성을 우선해야 해.

주요 위험 요소(Risk) 및 완화 전략

○**단일 장애점(SPOF)**:

• **위험**: 현재 설계상 API 게이트웨이, 메시지 브로커 등 공유 컴포넌트 계층에 대한 고가용성 전략(Multi-AZ 배포, 자동 스케일링)이 충분히 정의되지 않으면 단일 장애점이 될 위험이 커.

• **완화**: 모든 공유 인프라 컴포넌트(API Gateway, Kafka 클러스터, 데이터베이스)는 Multi-AZ에 걸쳐 배포하고 자동 스케일링을 적용하여 SPOF를 제거해야 해.

○**분산 트랜잭션 부재**:

• **위험**: 주문/결제/재고에 걸친 비즈니스 로직에 SAGA 패턴 등 분산 트랜잭션 관리 패턴이 부재하여 데이터 불일치 위험이 높아.

- **완화**: 비동기 이벤트 기반의 SAGA 패턴을 도입하여 여러 서비스에 걸친 트랜잭션의 최종 일관성을 보장하고, 실패 시 보상 트랜잭션을 설계해야 해.

최종 권고: ShopSmart의 최적 아키텍처 스타일

ShopSmart의 비즈니스 목표(개인화, 효율성, 시장 대응)와 핵심 ASR을 종합적으로 고려할 때, 운영 복잡성과 분산 시스템 관리의 어려움이라는 단점에도 불구하고 마이크로서비스 아키텍처가 장기적인 관점에서 가장 적합하다고 결론지었어. 운영 복잡성 문제는 클라우드 네이티브 도구(AWS ECS Fargate, IaC)와 강력한 모니터링 시스템으로 충분히 완화 가능하며, 마이크로서비스가 제공하는 민첩성, 확장성, 가용성 이점이 훨씬 커.”

아키텍처 뷰(View)를 통한 초기 모델 시각화

아키텍처 스타일이 검증된 후, 추상적으로 논의된 아키텍처 개념을 구체적인 다이어그램으로 시각화하여 모든 이해관계자가 동일한 이해를 가질 수 있도록 돕습니다. 이는 향후의 상세 설계와 커뮤니케이션의 기반이 됩니다.

아키텍처 뷰(View)를 통한 초기 모델 시각화: 컴포넌트 뷰

컴포넌트 뷰는 시스템의 주요 논리적 구성 요소(컴포넌트)와 그들 간의 관계를 보여주어, 시스템의 기능적 분해와 상호작용 방식을 이해하는 데 도움을 줍니다.

[프롬프트 예시(PlantUML 컴포넌트 뷰)]

“너는 ShopSmart의 수석 아키텍트다. ShopSmart 이커머스 플랫폼의 핵심 마이크로서비스 컴포넌트 간의 관계를 보여 주는 컴포넌트 뷰를 PlantUML 코드로 작성해 줘. 다음 주요 컴포넌트를 포함해야 해: ‘사용자 서비스’, ‘상품 서비스’, ‘주문 서비스’, ‘결제 서비스’, ‘추천 서비스’, ‘API Gateway’, ‘Apache Kafka(메시지 브로커)’. 각 서비스는 독립적인 박스로 표현하고, API Gateway를 통한 동기 통신과 Kafka를 통한 비동기 이 벤트를 화살표로 명확하게 표현해 줘."

[GPT AI 도출 PlantUML 다이어그램 시각화: 컴포넌트 뷰]

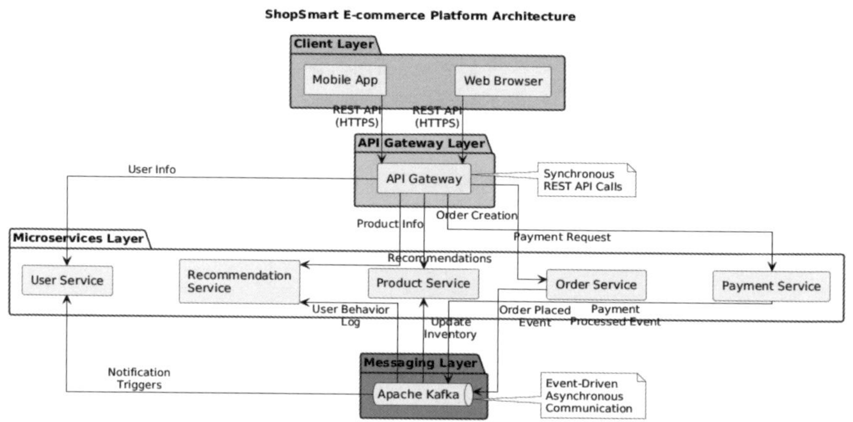

[그림 11-1] ShopSmart 시스템 컴포넌트 다이어그램

컴포넌트 뷰는 ShopSmart 시스템을 구성하는 주요 서비스들이 어떻게 서로 연결되고 상호작용하는지 한눈에 파악할 수 있게 해 줍니다. 클라이언트의 요청이 API Gateway 를 통해 라우팅되고, 서비스 간 동기/비동기 통신이 이루어지는 논리적 흐름을 보여 줍니다.

아키텍처 뷰(View)를 통한 초기 모델 시각화: 배포 뷰

배포 뷰는 시스템이 실제 물리적 환경(서버, 클라우드 인프라)에 어떻게 배치될 것인 지를 보여 주어, 운영 환경의 가용성, 확장성, 성능 등을 미리 가늠하고 계획하는 데 도 움을 줍니다. ShopSmart는 AWS 클라우드 기반의 배포를 계획했습니다.

[프롬프트 예시(PlantUML 배포 뷰)]

"너는 ShopSmart의 클라우드 엔지니어링 리더다. ShopSmart의 핵심 마이크로서비스 컴포넌트들이 AWS 클라우드 환경에 어떻게 배포되는지를 보여 주는 배포 뷰를 PlantUML 코드로 작성해 줘. 다음 요소를 포함해야 해: 'AWS Region', 'Multi-AZ', 'VPC', 'Public Subnet'(ALB), 'Private Subnet'(ECS Fargate, RDS), 'ECR', 'ECS Cluster', 'RDS Aurora PostgreSQL'. 그리고 주요 서비스(예: '추천 서비스', '주문 서비스')가 ECS Fargate에 컨테이너로 배포되고 RDS와 연동되는 관계를 표현해 줘."

[GPT AI 도출 PlantUML 다이어그램 시각화: 배포 뷰]

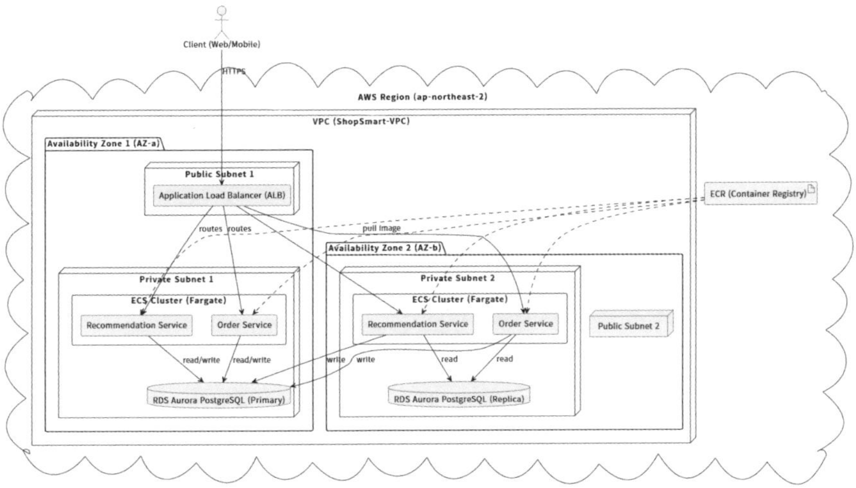

[그림 11-2] ShopSmart 시스템 디플로이먼트 다이어그램

배포 뷰는 ShopSmart가 AWS 클라우드 환경에서 Multi-AZ 고가용성 구조로 어떻게 배포될 것인지 보여 줍니다. ALB를 통한 트래픽 분산, ECS Fargate 컨테이너 서비스의 배치, RDS Aurora의 Primary/Replica 구성 등을 통해 시스템의 물리적 인프라와 그 중요성을 이해할 수 있습니다.

11.3.4 기술 스택 모델 평가 및 트레이드-오프 분석

마이크로서비스 아키텍처라는 큰 틀이 확정되었으므로, 이제는 이를 효과적으로 구현하고 ASR을 달성하기 위한 구체적인 기술 스택을 선정해야 합니다. GPT AI는 다양한 기술 옵션들을 평가하고, 각 기술의 장단점과 트레이드-오프를 분석하여 아키텍트의 의사결정을 돕습니다.

GPT AI와의 대화 시뮬레이션

아키텍트:

"좋아. 마이크로서비스 아키텍처가 ShopSmart에 최적의 선택임을 확신하게 되었네. 이제 이 마이크로서비스 아키텍처를 구현하기 위한 **핵심 기술 스택**을 제안해 줘. 특히 AWS 클라우드 환경에서 마이크로서비스, 데이터베이스, 메시징, CI/CD 등 각 계층에 적합한 기술들을 추천하고, 각 기술 선택의 이유와 함께 **주요 트레이드-오프**를 분석해 줘."

GPT AI:

"알겠어. ShopSmart의 마이크로서비스 아키텍처를 위한 AWS 기반 핵심 기술 스택을 제안하고 트레이드-오프를 분석해 줄게.

[제안 기술 스택]

- **컴퓨트: AWS ECS(Fargate)**
  - **선택 이유**: 서버 관리가 필요 없어 운영 오버헤드 감소. 컨테이너 기반으로 마이크로서비스 배포 및 확장 용이. ASR-C001, ASR-A001 달성에 유리.
  - **트레이드-오프**: EC2 기반 ECS보다 커스텀 설정 유연성이 다소 낮고, 특정 워크로드에서는 비용이 더 높을 수 있음. 하지만 초기 운영 효율성을 중시.
- **로드 밸런싱: AWS Application Load Balancer(ALB)**

- **선택 이유**: L7 계층 라우팅, 헬스 체크, SSL/TLS 종료 기능 제공. 마이크로서비스 트래픽 분산 및 ASR-A001 달성에 필수.
- **트레이드-오프**: Network Load Balancer(NLB) 대비 약간의 지연이 있을 수 있으나, 마이크로서비스의 복잡한 라우팅 규칙 처리와 기능적 이점이 더 큼.

- **데이터베이스:**

  - **관계형 데이터: AWS Aurora PostgreSQL**

    1. **선택 이유**: 높은 성능, 확장성, 가용성(Multi-AZ) 제공. 트랜잭션 무결성이 중요한 주문, 결제, 사용자 정보에 적합.
    2. **트레이드-오프**: 샤딩 시 관리 복잡성 증가.

  - **NoSQL: AWS DynamoDB**

    1. **선택 이유**: 고성능, 대규모 확장성, 완전 관리형. 키-값 기반 데이터(예: 세션, 캐시 데이터, 비정형 로그)에 적합.
    2. **트레이드-오프**: 관계형 데이터 모델링의 유연성 부족, 비용 관리 어려울 수 있음.

  - **검색 엔진: AWS OpenSearch Service(Elasticsearch)**

    1. **선택 이유**: 대규모 상품 검색, 로그 분석에 최적화. ASR-P001(검색 성능) 달성에 필수.
    2. **트레이드-오프**: RDBMS와의 데이터 동기화 필요(최종 일관성).

- **메시징: Apache Kafka(AWS MSK)**

  - **선택 이유**: 대규모 이벤트 스트림 처리, 마이크로서비스 간 비동기 통신 및 결합도 감소. ASR-C001, ASR-M001 달성에 유리.
  - **트레이드-오프**: 운영 복잡성, 데이터 처리 지연(최종 일관성).

- **캐싱: AWS Redis**

  - **선택 이유**: 고성능 인메모리 캐시. ASR-P001 달성을 위한 개인화 추천 결과, 인기 상품 목록 캐싱에 활용.
  - **트레이드-오프**: 캐시 무효화 전략 설계 복잡성, 데이터 신선도 트레이드-오프.

- **CI/CD: AWS CodePipeline, CodeBuild, CodeDeploy**
  - **선택 이유**: 코드 변경부터 배포까지 자동화. ASR-M001 달성을 위한 빠른 신기능 출시 지원.
  - **트레이드-오프**: 초기 설정 복잡성.
- **보안: AWS IAM, WAF, KMS**
  - **선택 이유**: AWS 리소스 접근 제어, 웹 공격 방어, 데이터 암호화 키 관리. ASR-S001, ASR-S002 달성에 필수.
  - **트레이드-오프**: 세부 설정의 복잡성.

기술 스택 선택 의사결정 요약

전반적으로 AWS 관리형 서비스를 최대한 활용하여 운영 복잡성을 줄이고, 각 ASR을 달성하는 데 가장 적합한 기술을 Polyglot Persistence 관점에서 조합했어. 특정 기술 선택 시 발생하는 트레이드-오프(예: 마이크로서비스의 복잡성, 최종 일관성)는 비즈니스 목표와 ASR의 우선순위에 따라 감수하거나 다른 전술로 보완하는 방식으로 결정했어."

11.3.5 품질 속성별 아키텍처 전술 적용 및 평가

선정된 아키텍처 스타일과 기술 스택을 바탕으로 실제 아키텍처를 설계하고, 각 ASR을 달성하기 위한 구체적인 전술들을 적용합니다. 이 과정에서 GPT AI는 다양한 설계 옵션을 제안하고, 특정 전술의 적용 효과와 잠재적 문제점을 분석하는 데 도움을 줍니다. 특히 여기서는 실패한 시도나 초기 고려했던 대안, 그리고 트레이드-오프를 통해 최종 의사결정에 이르는 과정을 강조합니다.

1. 성능 최적화(ASR-P001, ASR-P002)
아키텍트:

"ASR-P001(개인화 추천 API 0.5초 이내 응답)과 ASR-P002(상품 상세 페이지 로딩 1초 이내) 달성을 위해 핵심 성능 최적화 전술을 제안해 줘. 특히 개인화 추천 서비스에 집중해서 구체적인 아키텍처 설계를 부탁해. 처음에 고려했던 대안이나 실패 가능성이 있었던 부분도 함께 설명해 줘."

GPT AI:

"알겠어. ShopSmart의 개인화 추천 서비스 성능 최적화를 위한 아키텍처 설계와 대안 분석 결과를 설명해 줄게.

[초기 고려했던 대안(실패 가능성 분석)]
○ **대안 1: 추천 모델을 매번 실시간으로 추론:**
- **문제점**: AI 모델 추론은 상당한 시간이 소요돼(예: 1초 이상). 이는 ASR-P001(0.5초 이내 응답) 달성이 불가능하게 만들어. 아무리 고성능 인스턴스를 사용해도 컴퓨팅 파워의 물리적 한계가 있음.
- **결정**: 실시간 추론 방식은 사용자 경험에 치명적이라고 판단하여 기각.

[성능 최적화 최종 설계: 캐싱 및 비동기 모델 업데이트]
○ **개인화 추천 서비스 아키텍처:**
- **모델 서빙 계층**: AWS SageMaker Endpoint 또는 자체 ECS Fargate 서비스에서 AI 모델을 서빙한다.
- **캐싱 계층**: 사용자 ID를 키로 하여 개인화 추천 결과를 AWS Redis에 캐싱한다.
- **캐시 무효화 전략**:
  - ■ **TTL(Time-to-Live)**: 15분으로 설정하여 데이터 신선도와 성능의 균형을 맞춘다. (ASR-P001 달성에는 이전에 2시간도 문제없으나, 사용자 경험(ASR-U001) 관점에서 트레이드-오프를 선택해서15분으로 단축 결정)

- **이벤트 기반 무효화**: 사용자가 상품을 구매하거나 '찜하기'를 할 경우, UserAction 이벤트를 Kafka로 발행하고, 추천 서비스가 이 이벤트를 구독하여 해당 사용자의 캐시를 즉시 무효화한다.
- **비동기 모델 업데이트**: AI 모델 재학습 및 업데이트는 백그라운드에서 비동기적으로 수행되며, 새로운 모델이 배포되면 캐시를 일괄 무효화하거나 점진적으로 새로운 모델의 결과를 캐싱한다.

[트레이드-오프 결정 요약]

○ **데이터 신선도 vs. 성능**: TTL 15분과 이벤트 기반 무효화를 통해 데이터 신선도를 일부 희생하는 대신, ASR-P001을 확실하게 달성한다. 이커머스에서 15분 정도의 추천 목록 지연은 대부분의 경우 허용 가능하다고 판단했다.

○ **구현 복잡성 vs. 사용자 경험**: 이벤트 기반 캐시 무효화는 구현 복잡성이 높지만, 사용자 행동 변화에 따른 즉각적인 추천 업데이트가 가능하여 사용자 경험을 크게 향상시키므로 선택했다."

2. 보안 최적화(ASR-S001, ASR-S002)

아키텍트:

"ASR-S001(고객 민감 정보 암호화 및 PCI DSS 준수)과 ASR-S002(마이크로서비스 간 안전 통신) 달성을 위한 보안 아키텍처 설계를 제안해 줘. 특히 결제 정보 처리에 중점을 두고, 초기 고려했던 대안이나 발생할 수 있는 보안 취약점도 함께 설명해 줘."

GPT AI:

"알겠어. ShopSmart의 결제 정보 보안 강화를 위한 아키텍처 설계와 잠재적 취약점 분석 결과를 설명해 줄게.

[초기 고려했던 대안(잠재적 취약점)]

○ **대안 1: 결제 정보를 DB에 평문으로 저장:**

• **문제점**: ASR-S001과 PCI DSS 규정을 정면으로 위배하는 가장 심각한 보안 취약점이야. 데이터베이스 유출 시 모든 고객의 결제 정보가 노출될 위험이 있음.

• **결정**: 절대 불가.

[보안 최적화 최종 설계: 다계층 암호화 및 토큰화]

○ **결제 정보 처리 아키텍처:**

• **전송 중 암호화**: 모든 클라이언트-API Gateway 및 마이크로서비스 간 통신에 HTTPS/TLS 1.2 이상을 강제 적용한다. AWS ALB 및 API Gateway에서 TLS 터미네이션을 수행한다.

• **저장 데이터 암호화:**

  ■ **DB 암호화**: 결제 서비스의 DB(AWS Aurora PostgreSQL)는 **AWS KMS**와 연동하여 DB 인스턴스 전체를 암호화한다(Encryption at Rest).

  ■ **애플리케이션 레벨 암호화**: 가장 민감한 카드 번호와 같은 정보는 애플리케이션 레벨에서 추가적으로 암호화하여 DB에 저장한다. AES-256 GCM과 같은 강력한 알고리즘을 사용하고, 암호화 키는 AWS KMS에서 안전하게 관리한다.

  ■ **토큰화(Tokenization)**: PCI DSS 준수를 위해 실제 카드 번호를 직접 저장하기보다, 결제 PG사로부터 받은 **토큰(Token)**을 저장하고, 필요 시 PG사를 통해 토큰을 사용하여 결제를 처리하는 방식을 우선적으로 고려한다. (실제 카드 정보는 PG사에만 존재)

• **마이크로서비스 간 통신 보안:**

  ■ **인증/인가**: API Gateway를 통해 JWT 기반 사용자 인증/인가를 수행하고, 내부 서비스 간에는 AWS IAM Role 기반의 최소 권한을 부여하여 서비스별로 접근 가능한 리소스를 엄격히 제한한다.

■ **네트워크 격리**: 모든 마이크로서비스는 AWS VPC Private Subnet에 배포하고, 보안 그룹(Security Group)을 통해 서비스 간 트래픽을 세밀하게 제어한다. 외부로부터의 직접 접근은 불가능하게 한다.

[트레이드-오프 결정 요약]

○ **강력한 보안 vs. 성능/개발 복잡성**: 다계층 암호화 및 토큰화는 성능 저하(암복호화 오버헤드)와 개발 복잡성(키 관리, 토큰 연동)을 증가시킨다. 하지만 ASR-S001(PCI DSS 준수)은 비즈니스 운영의 필수 조건이자 고객 신뢰의 기반이므로, 성능 저하는 최적화 기술(하드웨어 가속)로 최소화하고 개발 복잡성은 AWS 관리형 서비스(KMS) 활용으로 완화하며 보안을 최우선으로 한다.

○ **토큰화 선택의 이유**: 실제 카드 정보를 직접 관리하는 것보다 토큰화를 통해 PCI DSS 준수 범위를 획기적으로 줄이고, 보안 책임 부담을 분산시킬 수 있어 최종 선택했다."

3. 확장용이성 최적화(ASR-C001, ASR-C002)

아키텍트:

"ASR-C001(트래픽 5배 급증 자동 대응)과 ASR-C002(사용자 100배 증가에도 유연한 확장) 달성을 위한 확장용이성 아키텍처 설계를 제안해 줘. 특히 블랙 프라이데이 트래픽 급증 시나리오에 집중해서 설명해 줘. 초기 고려했던 대안이나 관리 시 발생할 수 있는 문제점도 함께 설명해 줘."

GPT AI:

"알겠어. ShopSmart의 블랙 프라이데이 트래픽 급증 시나리오 대응을 위한 확장용이성 아키텍처 설계와 대안 분석 결과를 설명해 줄게.

[초기 고려했던 대안(관리 문제점)]

○ **대안 1: 수동 스케일링 또는 과도한 프로비저닝:**

• **문제점**: 트래픽 급증 시 운영팀이 수동으로 서버를 늘리는 것은 반응이 느리고 휴먼 에러 가능성이 있음. 또한, 상시 최고 트래픽에 맞춰 자원을 과도하게 프로비저닝하는 것은 비용 낭비. 이는 ASR-C001(자동 대응)에 부합하지 않아.

• **결정**: 자동 스케일링이 필수적이라고 판단하여 기각.

[확장용이성 최적화 최종 설계: 오토 스케일링 및 분산 시스템]

○ **블랙 프라이데이 트래픽 대응 아키텍처:**

• **컴퓨트 계층**: 모든 마이크로서비스(ECS Fargate)는 CPU 사용률, 네트워크 I/O, 요청 큐 길이 등의 지표를 기반으로 자동 확장/축소되는 오토 스케일링 정책(Target Tracking Scaling)을 설정한다.

• **로드 밸런싱**: **AWS ALB**는 트래픽 증가에 따라 자동으로 확장되며, 백엔드 ECS 서비스의 오토 스케일링과 연동하여 트래픽을 효율적으로 분산한다.

• **데이터베이스**:

■ **읽기 부하 분산**: AWS Aurora PostgreSQL의 읽기 복제본(Read Replica)을 여러 개 생성하여 읽기 트래픽을 분산한다. 쓰기 부하가 급증할 경우를 대비하여 Aurora Serverless v2 전환을 중장기 로드맵에 포함한다(비용 효율성과 빠른 스케일링).

■ **NoSQL 확장**: DynamoDB는 자체적으로 높은 확장성을 제공하지만, 테이블 설계 시 파티션 키를 신중하게 선택하여 핫 파티션(Hot Partition)이 발생하지 않도록 주의한다.

• **메시징**: Apache Kafka(AWS MSK)는 대규모 이벤트 스트림을 안정적으로 처리할 수 있도록 프로비저닝 및 자동 확장을 고려한다. 파티션 수를 충분히 확보하여 병렬 처리가 가능하도록 설계한다.

• **캐싱**: Redis 클러스터 모드를 사용하여 읽기 및 쓰기 부하를 여러 노드로 분산하고, 필요시 노드 수를 유연하게 늘릴 수 있도록 구성한다.

[트레이드-오프 결정 요약]

○ **단일 DB 관리 vs. 데이터 분산 복잡성**: Aurora Read Replica는 읽기 확장에 용이하지만, 쓰기 확장에 한계가 있음. 궁극적으로 ASR-C002(사용자 100배 증가)를 달성하려면 DB 샤딩이 필요할 수 있지만, 초기에는 운영 복잡성을 줄이기 위해 Read Replica를 우선 적용하고, 데이터 증가 추이를 보며 샤딩 도입 시점을 결정함. 이는 초기 개발 비용과 장기적 확장성 사이의 트레이드-오프임.

○ **비용 효율성 vs. 즉각적 확장**: Aurora Serverless v2는 비용 효율적이고 빠른 스케일링이 가능하지만, 워밍업 시간 동안의 성능 저하 가능성이 있음. 핵심 주문/결제 DB에는 아직 적용하지 않고, 트래픽 패턴을 분석하며 점진적으로 도입을 고려함."

4. 가용성 최적화(ASR-A001, ASR-A002)

아키텍트:

"ASR-A001(핵심 시스템 99.99% 가용성)과 ASR-A002(기타 서비스 99.9% 가용성) 달성을 위한 가용성 아키텍처 설계를 제안해 줘. 특히 하나의 AZ 장애 시 서비스 유지 시나리오에 집중해서 설명해 줘. 초기 고려했던 대안이나 잠재적 장애 시나리오도 함께 설명해 줘."

GPT AI:

"알겠어. ShopSmart의 AZ 장애 시 서비스 유지 시나리오 대응을 위한 가용성 아키텍처 설계와 잠재적 장애 시나리오 분석 결과를 설명해 줄게.

[초기 고려했던 대안(잠재적 장애 시나리오)]

○ **대안 1: 모든 컴포넌트 단일 AZ 배포:**

- **문제점**: 단일 AZ 장애 발생 시, ALB, 모든 마이크로서비스, RDS까지 전체 서비스
  가 중단되는 치명적인 SPOF(Single Point Of Failure)가 됨. 이는 ASR-A001을 절대
  달성할 수 없음.

- **결정**: Multi-AZ 배포는 필수적인 전술이라고 판단하여 기각.

[가용성 최적화 최종 설계: Multi-AZ 및 장애 격리]

○ **AZ 장애 대응 아키텍처:**

- **모든 핵심 컴포넌트 Multi-AZ 배포:**

  - **ALB**: 최소 2개 이상의 AZ에 걸쳐 배포되어 트래픽을 분산하고, 한 AZ 장애 시
    다른 AZ로 트래픽을 자동 라우팅.

  - **ECS Fargate 서비스**: 주문, 결제 등 핵심 마이크로서비스는 최소 2개 이상의 AZ
    에 충분한 수의 컨테이너 인스턴스를 분산 배포. (예: 3개 AZ에 각 2개 인스턴스
    = 총 6개 인스턴스)

  - **RDS Aurora PostgreSQL**: Primary 인스턴스를 한 AZ에, Replica 인스턴스를 다
    른 AZ에 배치하는 Multi-AZ 구성. Primary 장애 시 Replica로 자동 페일오버
    (Failover)되어 데이터베이스 가용성을 확보. (페일오버 시간 최소화)

  - **Kafka(AWS MSK)**: 클러스터 노드를 여러 AZ에 분산 배치하여 Broker 노드 장애
    시에도 데이터 유실 없이 서비스 유지.

  - **Redis(ElastiCache)**: Redis Cluster Mode 또는 Multi-AZ with Replica 구성으로 노
    드 장애 시 자동 복구.

- **장애 격리(Circuit Breaker Pattern)**: 추천 서비스와 같이 ASR-A002(99.9% 가용성)
  가 허용되는 비핵심 서비스의 장애가 ASR-A001(99.99% 가용성)이 요구되는 핵심
  서비스로 전파되지 않도록, 핵심 서비스에서는 비핵심 서비스 호출 시 서킷 브레이

커 패턴을 적용한다. (예: 추천 서비스 장애 시 캐싱된 데이터 또는 기본 추천 목록 반환)

- **모니터링 및 알림**: AWS CloudWatch, Prometheus/Grafana를 통해 모든 컴포넌트의 상태를 실시간으로 모니터링하고, AZ 장애나 서비스 에러율 임계치 초과 시 AWS SNS, PagerDuty, Slack을 통해 즉시 운영팀에 알림을 발송하여 신속한 대응을 가능하게 함.

[트레이드-오프 결정 요약]

o **가용성 극대화 vs. 비용 증가**: Multi-AZ 배포는 인프라 비용을 증가시키지만, ASR-A001 달성을 위한 필수적인 투자다. 핵심 서비스의 다운타임으로 인한 비즈니스 손실이 인프라 비용 증가보다 훨씬 크다고 판단한다.

o **즉시 일관성 vs. 복구 시간**: RDS Aurora의 Multi-AZ 구성은 Primary-Replica 간 데이터 동기화 지연이 발생할 수 있지만, 빠른 페일오버를 통해 서비스 중단 시간을 최소화한다. 이는 강력한 데이터 일관성과 빠른 복구 시간 사이의 합리적인 트레이드-오프임."

5. 변경용이성 및 사용편의성 최적화(ASR-M001, ASR-M002, ASR-U001, ASR-U002)

아키텍트:

"ASR-M001(신규 기능 2주 이내 개발/배포)과 ASR-U001(직관적 UI/UX) 달성을 위한 아키텍처 설계를 제안해 줘. 특히 빠른 신기능 출시와 사용자 경험 향상에 집중해서 설명해 줘. 초기 고려했던 비효율적인 방식이나 잠재적 문제점도 함께 설명해 줘."

GPT AI:

"알겠어. ShopSmart의 신기능 출시 속도와 사용자 경험 향상을 위한 아키텍처 설계와 대안 분석 결과를 설명해 줄게.

[초기 고려했던 대안(비효율성/문제점)]

○대안 1: 모놀리식 아키텍처 유지:

• **문제점**: 새로운 기능 개발 시 전체 코드베이스를 이해해야 하고, 작은 변경에도 전체 시스템을 재빌드/재배포해야 하므로 ASR-M001(2주 이내 배포) 달성이 불가능해. 또한, 기능별 팀 분리가 어렵고, 특정 기능의 장애가 전체 시스템으로 확산될 위험도 있음.

• **결정**: 마이크로서비스로의 전환은 변경용이성 확보에 필수적이라고 판단하여 기각.

[변경용이성 및 사용편의성 최적화 최종 설계: 모듈화, CI/CD, 디자인 시스템]

○아키텍처 설계:

• **모듈화 및 낮은 결합도**:

  ■ **도메인 기반 마이크로서비스**: 고객, 상품, 주문, 결제 등 핵심 도메인별로 독립적인 마이크로서비스를 구축하여 각 서비스의 책임 범위를 명확히 한다. 이를 통해 한 서비스의 변경이 다른 서비스에 미치는 영향을 최소화하고 ASR-M001을 달성한다.

  ■ **API 명세 표준화**: 모든 서비스 API는 OpenAPI(Swagger)를 사용하여 명세화하고, API Gateway에서 이를 강제하여 서비스 간의 명확한 계약을 유지한다.

• **자동화된 CI/CD 파이프라인**:

  ■ **AWS CodePipeline/CodeBuild/CodeDeploy**: 코드 변경이 발생하면 자동으로 테스트, 빌드, 배포가 이루어지는 파이프라인을 구축한다. 이를 통해 개발자들이 신규 기능을 빠르게 개발하고 배포하여 ASR-M001 달성을 가속화한다. A/B 테스트 및 카나리 배포 전략을 도입하여 변경의 위험을 최소화한다.

• **프론트엔드 아키텍처**:

  ■ **BFF(Backend For Frontend) 패턴 도입**: 모바일 앱과 웹 프론트엔드의 요구사항에 특화된 API 계층(BFF)을 두어, 프론트엔드 개발팀이 백엔드 변경에 독립적으

로 대응하고 빠른 UI/UX 개선을 할 수 있도록 돕는다. (이전에 고려했던 백엔드 API 직접 호출 방식은 프론트엔드에 과도한 로직 복잡성을 유발하고 백엔드 의존성을 높여 변경용이성을 저해한다고 판단하여 BFF 도입 결정).

- **통합 디자인 시스템 구축**: 웹과 모바일 앱에 공통적으로 사용되는 UI 컴포넌트 라이브러리와 디자인 가이드라인을 구축하여 ASR-U001(직관적/일관된 UI)을 달성한다. 이는 사용자 학습 비용을 줄이고, 일관된 브랜드 경험을 제공한다.

- **명확한 피드백 및 에러 처리**:
  - **표준화된 에러 응답**: 백엔드는 표준화된 에러 코드를 반환하고, 프론트엔드는 이를 바탕으로 사용자에게 친숙하고 구체적인 에러 메시지를 제공한다. (ASR-U002) 예를 들어, 결제 실패 시 '잔액 부족'과 같은 상세 메시지 제공.

[트레이드-오프 결정 요약]

- **빠른 개발 vs. 초기 복잡성**: 마이크로서비스 아키텍처, CI/CD, BFF, 디자인 시스템 등은 초기 구축에 상당한 개발 시간과 비용, 복잡성을 요구한다. 하지만 이는 장기적으로 ShopSmart의 비즈니스 민첩성(ASR-M001)과 사용자 만족도(ASR-U001)를 극대화하는 데 필수적인 투자이므로 감수한다.

- **유연한 UI/UX vs. 백엔드 종속성**: BFF 패턴 도입은 백엔드 개발자들의 API 변경 부담을 줄이고 프론트엔드 개발팀의 독립성을 높여 변경용이성과 사용자 경험 향상에 기여한다. 이로 인한 추가 서비스 관리의 복잡성을 감수한다."

11.3.6 워킹 스켈레톤 코드 생성: 설계에서 구현의 가교

아키텍처 스타일과 기술 스택을 확정하고 각 품질 속성별 전술을 수립한 후, 이제 설계 단계의 산출물을 코드로 동작하는 최소한의 뼈대인 워킹 스켈레톤으로 연결할 차례입니다. ShopSmart 팀은 빠른 신기능 출시(ASR-M001)를 위해 백엔드와 프론트엔드 팀이 병렬적으로 개발을 진행해야 했습니다. 이 과정에서 아키텍트는 GPT AI를 활용하여, 앞서 정의된 아키텍처 뷰(Component View, Deployment View)를 참조하고 구체화된 인터페이스 스펙을 기반으로 전체 시스템의 초기 '워킹 스켈레톤' 코드베이스 생성을 가속화했습니다.

워킹 스켈레톤은 최소한의 기능으로 end-to-end 흐름을 검증할 수 있는 동작하는 코드베이스를 의미합니다. 이는 개별 컴포넌트의 빠른 구현뿐만 아니라, 전체 마이크로서비스 시스템의 기본적인 구조와 서비스 간 연동의 골격을 미리 만들어 개발팀이 약속된 인터페이스를 기반으로 동시에 작업을 시작할 수 있게 하여 통합 위험을 줄이고 개발 생산성을 크게 향상시킵니다.

GPT AI 활용: 전체 시스템 워킹 스켈레톤 생성을 위한 상세 가이드라인

GPT AI에게 복수의 마이크로서비스로 구성된 전체 시스템의 워킹 스켈레톤 생성을 요청할 때는 다음과 같은 정보를 명확히 제공하여야 합니다. 이는 GPT AI가 각 서비스의 역할과 상호작용 방식, 그리고 전체 시스템의 배포 환경을 이해하고 적합한 코드와 설정을 생성하는 데 필수적입니다.

- **아키텍처 모델 참조**: 앞서 정의된 컴포넌트 뷰와 배포 뷰를 기반으로, ShopSmart 시스템을 구성하는 주요 서비스(사용자, 상품, 주문, 결제, 추천 서비스), 서비스 간 통신 방식(API Gateway, Kafka 등), 그리고 예상되는 클라우드 환경(AWS 리전, Multi-AZ 구성 등)을 명확히 제공합니다.

- **핵심 서비스 목록 및 인터페이스**: 각 마이크로서비스의 이름과 함께, 각 서비스가 노출할 핵심 API 엔드포인트, HTTP 메서드, 간략한 요청/응답 데이터 스키마를 지정합니다. 서비스 간의 비동기 메시징 스펙(예: Kafka 토픽 이름, 메시지 형식)도 포함할 수 있습니다.

- **공통 기술 스택 및 구성**: ShopSmart는 마이크로서비스 아키텍처의 장점을 살려, 각 서비스의 특성에 맞는 다양한 프로그래밍 언어와 프레임워크(Polyglot Persistence/

Language)를 활용할 수 있습니다. 따라서 각 서비스가 사용할 언어(예: Java, Python), 웹 프레임워크(예: Spring Boot 3.x, Flask), 빌드 도구(예: Gradle, pip), 데이터베이스 유형(예: PostgreSQL, MongoDB), 메시징 시스템(예: Kafka) 등을 명시합니다.

- **생성 요청 범위**: 각 서비스에 대한 초기 프로젝트 구조, 더미 데이터를 반환하는 API 엔드포인트, Dockerfile을 요청합니다. 더 나아가, 서비스 디스커버리(Eureka, Consul), API Gateway(Spring Cloud Gateway), 설정 서버(Spring Cloud Config) 등 마이크로서비스 공통 인프라 연동을 위한 기본적인 구성 요소 코드도 함께 요청할 수 있습니다. 필요하다면 클라우드 인프라 구축을 위한 IaC(Infrastructure as Code) 스크립트(예: AWS CloudFormation, Terraform)의 초안 생성을 함께 요청하여 초기 배포 환경까지 고려할 수 있습니다.

GPT AI의 기여: 전체 시스템 초기 프레임워크 구축 가속화

GPT AI는 이러한 상세한 입력을 바탕으로, 개별 마이크로서비스 프로젝트들의 디렉토리 구조, 각 서비스의 Dockerfile, 더미 API 엔드포인트가 포함된 최소한의 애플리케이션 코드, 그리고 서비스 간 메시징 연동을 위한 플레이스홀더 코드 등을 포함하는 전체 시스템의 초기 코드베이스 구성 요소를 생성할 수 있습니다. 이는 개발팀이 설계 단계에서 구현 단계로 매끄럽게 전환할 수 있는 강력한 기반을 마련합니다.

[전체 시스템 워킹 스켈레톤 결과물 예시(개념적 구조)]

ShopSmart는 마이크로서비스 아키텍처의 Polyglot 특성을 활용하여, 각 서비스의 목적에 최적화된 기술 스택을 선택합니다. GPT AI가 생성할 수 있는 전체 ShopSmart 마이크로서비스 시스템의 초기 프로젝트 구조는 다음과 같을 수 있습니다.

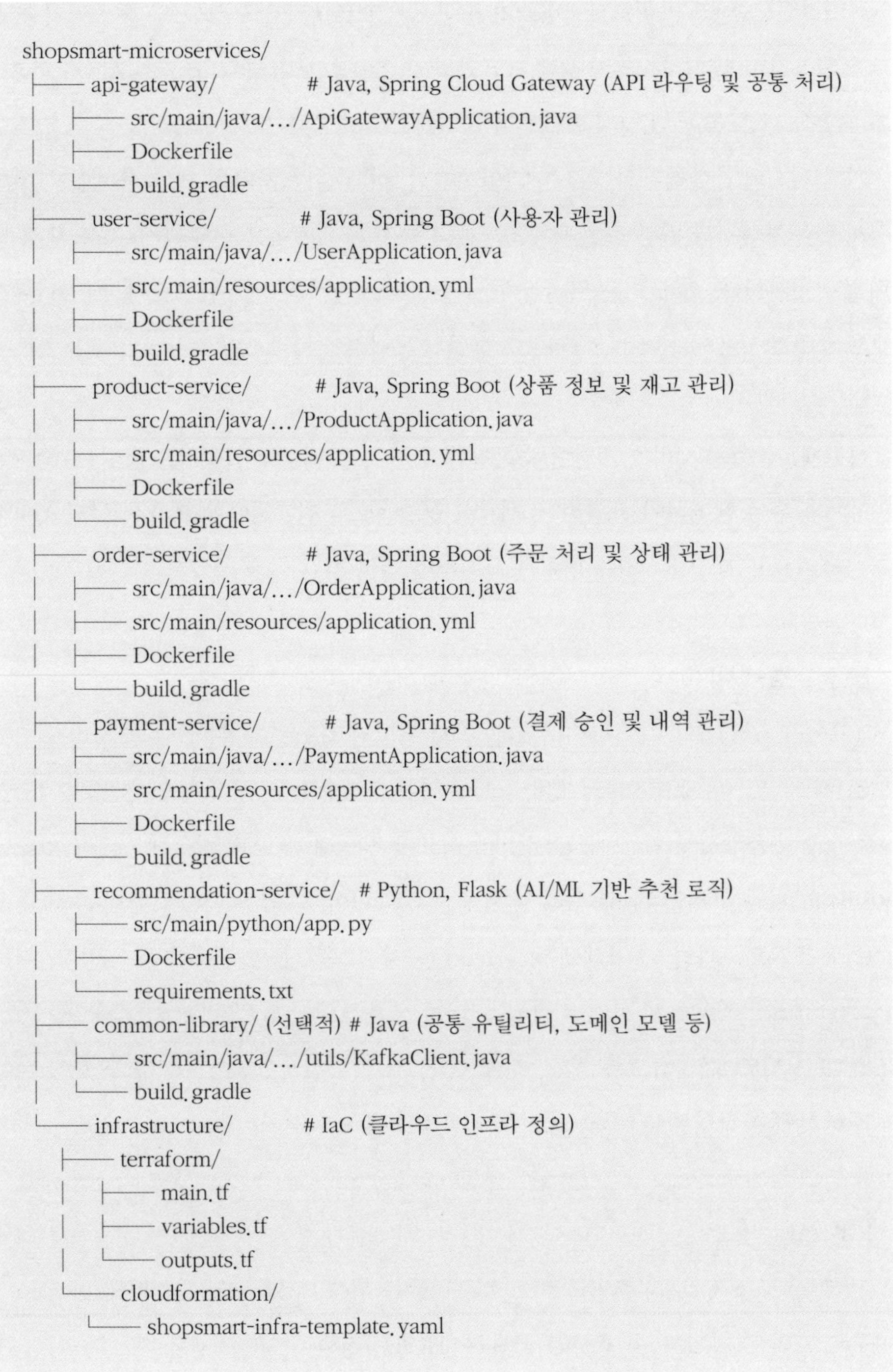

```
shopsmart-microservices/
├── api-gateway/              # Java, Spring Cloud Gateway (API 라우팅 및 공통 처리)
│   ├── src/main/java/.../ApiGatewayApplication.java
│   ├── Dockerfile
│   └── build.gradle
├── user-service/             # Java, Spring Boot (사용자 관리)
│   ├── src/main/java/.../UserApplication.java
│   ├── src/main/resources/application.yml
│   ├── Dockerfile
│   └── build.gradle
├── product-service/          # Java, Spring Boot (상품 정보 및 재고 관리)
│   ├── src/main/java/.../ProductApplication.java
│   ├── src/main/resources/application.yml
│   ├── Dockerfile
│   └── build.gradle
├── order-service/            # Java, Spring Boot (주문 처리 및 상태 관리)
│   ├── src/main/java/.../OrderApplication.java
│   ├── src/main/resources/application.yml
│   ├── Dockerfile
│   └── build.gradle
├── payment-service/          # Java, Spring Boot (결제 승인 및 내역 관리)
│   ├── src/main/java/.../PaymentApplication.java
│   ├── src/main/resources/application.yml
│   ├── Dockerfile
│   └── build.gradle
├── recommendation-service/   # Python, Flask (AI/ML 기반 추천 로직)
│   ├── src/main/python/app.py
│   ├── Dockerfile
│   └── requirements.txt
├── common-library/ (선택적) # Java (공통 유틸리티, 도메인 모델 등)
│   ├── src/main/java/.../utils/KafkaClient.java
│   └── build.gradle
└── infrastructure/           # IaC (클라우드 인프라 정의)
    ├── terraform/
    │   ├── main.tf
    │   ├── variables.tf
    │   └── outputs.tf
    └── cloudformation/
        └── shopsmart-infra-template.yaml
```

[그림 11-3] ShopSmart 추천 서비스 워킹 스켈레톤 파일 구조

이러한 구조는 각 마이크로서비스가 독립적인 프로젝트로 구성되고, 다양한 기술 스택을 활용하여 각 서비스의 특성에 최적화될 수 있음을 보여 줍니다. 또한 API Gateway와 IaC 스크립트를 통해 전체 시스템이 유기적으로 연결됩니다.

전체 시스템 스켈레톤의 구조를 파악했다면, 이제 그중 하나의 핵심 서비스인 '추천 서비스' 컴포넌트의 워킹 스켈레톤 코드 예시를 통해 GPT AI의 구체적인 코드 생성 능력을 살펴봅니다. 이 코드는 위에서 제시된 전체 시스템의 한 부분으로서, AI/ML 워크로드에 주로 활용되는 Python Flask로 구현된 독립적인 서비스의 시작점입니다.

○**문제**: AI 추천 서비스 개발팀이 복잡한 추천 모델 개발에 집중하는 동안, 프론트엔드 팀은 추천 결과가 반영된 UI 개발을 병렬적으로 진행해야 했으나, 백엔드 API 개발 완료를 기다려야 하는 병목 현상이 예상되었습니다.

[프롬프트 예시]

"너는 ShopSmart의 수석 아키텍트다. 앞서 정의된 컴포넌트 뷰(예: 추천 서비스 컴포넌트)에 기반하여, ShopSmart 모바일 앱에 사용자 맞춤형 상품 추천을 제공하는 REST API의 워킹 스켈레톤(Walking Skeleton) 코드를 작성해 줘. API 경로는 /api/v1/users/{userId}/recommendations이고, 메서드는 GET이야. 응답은 JSON 형태로 recommendedProducts라는 키 아래에 productId (문자열) 배열을 반환해야 해. 구현 언어는 Python Flask로, 실제 AI 모델 로직 대신 더미 상품 ID 목록(["PROD-001", "PROD-002", "PROD-003"])을 반환하도록 해. 동시에 이 Flask 애플리케이션을 AWS ECS Fargate에 배포하기 위한 간단한 Dockerfile도 함께 생성해 줘."

[GPT AI]

"알겠어. ShopSmart의 추천 서비스 컴포넌트를 위한 Python Flask 기반의 워킹 스켈레톤 코드와 Dockerfile을 생성해 줄게. 이 코드는 정의된 API 스펙을 따르며, 더미 데이터를 반환하여 개발팀이 즉시 프론트엔드 및 백엔드 작업을 시작할 수 있도록 할게.

[app.py(Python Flask 워킹 스켈레톤 코드)]

```python
from flask import Flask, jsonify, request

app = Flask(__name__)

@app.route('/api/v1/users/<string:user_id>/recommendations', methods=['GET'])
def get_user_recommendations(user_id):
    # 실제 AI 모델 로직 대신 더미 데이터 반환
    dummy_recommendations = {
        "user_id": user_id,
        "recommendedProducts": ["PROD-001", "PROD-002", "PROD-003"]
    }
    return jsonify(dummy_recommendations), 200

@app.errorhandler(404)
def not_found(error):
    return jsonify({"error": "Not Found", "message": "The requested URL was not found on the server."}), 404

@app.errorhandler(500)
def internal_error(error):
    return jsonify({"error": "Internal Server Error", "message": "An unexpected error occurred."}), 500

if __name__ == '__main__':
    app.run(host='0.0.0.0', port=5000)
```

[Dockerfile]

```dockerfile
# Python 3.9 Slim-buster 이미지 사용
FROM python:3.9-slim-buster

# 작업 디렉토리 설정
WORKDIR /app

# 필요한 패키지 설치
COPY requirements.txt .
RUN pip install --no-cache-dir -r requirements.txt
```

```
# 애플리케이션 코드 복사
COPY . .

# Flask 애플리케이션을 실행할 포트 노출
EXPOSE 5000

# 애플리케이션 실행
CMD ["flask", "run", "--host=0.0.0.0", "--port=5000"]
```

[requirements.txt]

```
Flask==2.0.3
```

이 워킹 스켈레톤 코드는 Flask 웹 프레임워크를 사용하여 정의된 REST API를 구현하고 있음. Dockerfile은 이 애플리케이션을 컨테이너화하여 AWS ECS Fargate와 같은 컨테이너 환경에 쉽게 배포할 수 있도록 해 줄 거야."

GPT AI의 기여 및 아키텍트의 역할

GPT AI는 아키텍처 모델(컴포넌트 뷰)과 명확한 인터페이스 스펙을 입력받아, 백엔드와 프론트엔드 팀이 약속된 인터페이스로 병렬 개발을 즉시 시작할 수 있는 워킹 스켈레톤 코드와 Dockerfile을 생성했습니다. 이로써 개발팀은 초기 API 개발에 소요되는 시간을 단축하고, 기능 구현에 집중할 수 있게 되었습니다. 통합 위험이 크게 줄어들고 ASR-M001 달성을 위한 개발 속도가 크게 향상되었습니다.

하지만 이 과정에서 아키텍트의 역할은 여전히 중요합니다. GPT AI가 생성한 코드가 아키텍처 원칙과 보안 요구사항을 준수하는지, 그리고 실제 비즈니스 로직으로 확장될 때 발생할 수 있는 잠재적 문제점을 없는지 면밀히 검토하고 가이드해야 합니다. 이는 AI를 도구로 활용하면서도 최종적인 시스템 품질에 대한 책임을 다하는 아키텍트의 고유한 역할입니다.

11.4
AI 시대 아키텍트의 역할과 책임

ShopSmart 사례 연구는 GPT AI가 아키텍처 설계 과정의 강력한 조력자가 될 수 있음을 보여 주었습니다. ASR 도출부터 기술 스택 선정, 그리고 구체적인 품질 속성 최적화 전술 적용에 이르기까지, AI는 방대한 정보를 분석하고, 다양한 대안을 제안하며, 복잡한 트레이드-오프 관계를 명확히 제시함으로써 아키텍트의 의사결정을 돕습니다.

그러나 이 모든 과정에서 최종적인 판단과 책임은 여전히 아키텍트에게 있습니다. GPT AI는 데이터를 기반으로 최적의 해답을 제시할 수 있지만, AI의 환각(Hallucination)과 편향을 비판적으로 검토하고, 비즈니스 맥락에 대한 깊은 이해, 예측하기 어려운 미래 변화에 대한 통찰, 그리고 이해관계자 간의 복잡한 조율은 인간 아키텍트의 고유한 영역입니다. ShopSmart 사례에서 보았듯이, AI가 제시한 대안 중 어떤 것을 선택하고, 어떤 트레이드-오프를 감수하며, 어떤 실패한 시도를 통해 교훈을 얻을지는 결국 아키텍트의 경험과 비판적 사고에 달려 있습니다.

결론적으로, AI 시대 개발자의 역할은 더 이상 모든 것을 직접 코딩하는 '코더'가 아닙니다. GPT AI를 효과적으로 활용하여 비즈니스 가치를 극대화하고, 변화에 유연하게 대응하며, 사용자와 이해관계자의 만족을 이끌어내는 **전략적 리더**가 되어야 합니다. GPT AI는 아키텍트의 지능을 확장하고 역량을 강화하는 강력한 설계 판단 파트너가 될 것이며, 이는 소프트웨어 아키텍처의 대중화에 새로운 지평을 열어 줄 것입니다.

부록 A. 참고문헌

1. 소프트웨어 아키텍처 기초 및 사상

○강성원. (2017). 『소프트웨어 아키텍처로의 초대』. 홍릉과학출판사.

○Bass, L., Clements, P., & Kazman, R. (2021). *Software Architecture in Practice (4th ed.).* Addison-Wesley Professional.

○Brown, A., & Wilson, G. (Eds.). (2011, 2012). *The Architecture of Open Source Applications (Volume I & II).* Lulu.com.

○Brooks, F. P. Jr. (1995). *The Mythical Man-Month: Essays on Software Engineering, Anniversary Edition.* Addison-Wesley Professional.

○Clements, P., Kazman, R., & Klein, M. (2001). *Evaluating Software Architectures: Methods and Case Studies.* Addison-Wesley Professional.

○Garlan, D., Allen, R., & Ockerbloom, J. (1995). "Architectural Mismatch: Why Reuse Is So Hard". *IEEE Software,* 12(6).

○Kruchten, P. (1995). "Architectural Blueprints—The "4+1" View Model of Software Architecture". *IEEE Software,* 12(6).

○Richards, M., & Ford, N. (2020). *Fundamentals of Software Architecture: An Engineering Approach.* O'Reilly Media.

○Rozanski, N., & Woods, E. (2011). *Software Systems Architecture: Working With Stakeholders Using Viewpoints and Perspectives (2nd ed.).* Addison-Wesley Professional.

○Shaw, M., & Garlan, D. (1996). *Software Architecture: Perspectives on an Emerging*

Discipline. Prentice Hall.

○ Taylor, R. N., Medvidovic, N., & Dashofy, E. M. (2009). *Software Architecture: Foundations, Theory, and Practice.* Wiley.

2. 설계 원칙 및 패턴

○ Martin, R. C. (2017). *Clean Architecture: A Craftsman's Guide to Software Structure and Design.* Prentice Hall.

○ Evans, E. (2003). *Domain-Driven Design: Tackling Complexity in the Heart of Software.* Addison-Wesley Professional.

○ Gamma, E., Helm, R., Johnson, R., & Vlissides, J. (1994). Design Patterns: Elements of Reusable Object-Oriented Software. Addison-Wesley Professional.

○ Fowler, M. (2002). Patterns of Enterprise Application Architecture. Addison-Wesley Professional.

3. 마이크로서비스 및 분산 시스템

○ Newman, S. (2021). Building Microservices: Designing Fine-Grained Systems (2nd ed.). O'Reilly Media.

○ Kleppmann, M. (2017). Designing Data-Intensive Applications. O'Reilly Media.

○ Richardson, C. (2018). Microservices Patterns: With examples in Java. Manning Publications.

○ Hohpe, G., & Woolf, B. (2003). Enterprise Integration Patterns: Designing, Building, and Deploying Messaging Solutions. Addison-Wesley Professional.

4. 기타

○ Ahmad, A., Waseem, M., Liang, P., Fahmideh, M., Aktar, M. S., & Mikkonen, T.

(2023). "ChatGPT for Software Architecture: A Study of Opportunities and Challenges". *Proceedings of the 27th International Conference on Evaluation and Assessment in Software Engineering (EASE '23).*

○ Beyer, B., Jones, C., Petoff, J., & Murphy, N. R. (Eds.). (2016). *Site Reliability Engineering: How Google Runs Production Systems.* O'Reilly Media.

○ Davis, C. (2019). *Cloud Native Patterns: Designing change-tolerant software.* Manning Publications.

○ Forsgren, N., Humble, J., & Kim, G. (2018). *Accelerate: The Science of Lean Software and DevOps.* IT Revolution Press.

○ Hohpe, G. (2020). *The Software Architect Elevator: Redefining the Architect's Role in the Digital Enterprise.* O'Reilly Media.

○ Shostack, A. (2014). *Threat Modeling: Designing for Security.* Wiley.

부록 B. 주요 용어집

약어	Full Term	한글 병기
AI	Artificial Intelligence	인공지능
API	Application Programming Interface	응용프로그램 인터페이스
ASR	Architecturally Significant Requirements	주요 아키텍처 요구사항
ATAM	Architecture Tradeoff Analysis Method	아키텍처 트레이드-오프 분석기법
CAP	Consistency, Availability, Partition Tolerance	CAP 이론
CI/CD	Continuous Integration / Continuous Deployment	지속적 통합·배포
CQRS	Command Query Responsibility Segregation	명령·조회 분리 패턴
DevOps	Development and Operations	개발 및 운영 통합
EDA	Event-Driven Architecture	이벤트 주도 아키텍처
GPT	Generative Pre-trained Transformer	대규모 언어모델
LLM	Large Language Model	대규모 언어모델
QAW	Quality Attribute Workshop	품질 속성 워크숍
REST API	Representational State Transfer API	REST형 웹 API
SAAM	Software Architecture Analysis Method	소프트웨어 아키텍처 분석기법
UML	Unified Modeling Language	통합 모델링 언어

핵심 용어집

AI Copilot(AI 코파일럿)

개발자나 아키텍트의 작업을 돕는 AI 도우미. 설계 결정에 필요한 정보 분석, 코드를 대신 짜거나 문서를 자동으로 정리하며, 설계 결정을 보조한다.

AI Code Generation(AI 기반 코드 생성)

AI가 명령(프롬프트)을 이해해 자동으로 코드를 만들어 주는 기능. 반복 업무를 줄이고 설계에 집중할 수 있게 한다.

Architecturally Significant Requirements(ASR, 주요 아키텍처 요구사항)

시스템 구조에 직접적인 영향을 주는 중요한 요구사항. 기능적 요구사항과 달리, 성능, 보안, 변경용이성 같은 품질 속성이 포함되며, 초기 설계의 기초가 된다.

Architecture Evaluation(아키텍처 평가)

아키텍처가 품질 속성 목표를 충족하는지 검토하는 과정. ATAM, SAAM, QAW 등의 방법이 대표적이다.

Architecture Pattern(아키텍처 패턴)

특정 문제를 해결하기 위한 검증된 설계 해법. 예: MVC, Broker, CQRS, Saga 등. 스타일보다 구체적이며 재사용 가능한 구조다.

Architecture Style(아키텍처 스타일)

시스템의 전체 구조를 형성하는 대표적 설계 패러다임. 예: Layered, Microservice, Event-driven 등. 품질 속성 간 트레이드-오프를 결정한다.

Architecture View(아키텍처 뷰)

시스템을 여러 관점에서 시각적으로 표현한 설계도. 예: Context, Container, Component, Code View. 이해관계자와의 소통 수단이다.

Architecture Viewpoint(아키텍처 뷰포인트)

뷰를 정의할 때 사용하는 관점의 틀. 어떤 이해관계자에게 어떤 정보를 보여 줄지를 규정한다.

ATAM(Architecture Tradeoff Analysis Method, 아키텍처 트레이드-오프 분석기법)

품질 속성 간의 균형을 분석해 설계 대안을 평가하는 공식 절차. 아키텍처 리뷰의 대표적 방법이다.

Availability(가용성)

시스템이 언제든 접근 가능하도록 유지되는 능력. 장애 복구와 무중단 서비스가 주요 전술이다.

CAP Theorem(CAP 이론)

분산 시스템에서 일관성(Consistency), 가용성(Availability), 분할 내성(Partition Tolerance)을 모두 완벽히 만족시킬 수 없다는 이론. 실제 설계 시에는 'AP(가용성 우선)'나 'CP(일관성 우선)' 중 하나를 전략적으로 선택해야 한다.

CI/CD(Continuous Integration / Continuous Deployment, 지속적 통합·배포)

코드를 자동으로 테스트하고 배포하는 체계. 개발 효율과 품질을 동시에 높인다.

Component(컴포넌트)

시스템을 구성하는 독립적인 기능 단위. 결합도를 낮추고 응집도를 높이면 변경용이성이 향상된다.

Constraint(제약조건)

설계의 자유도를 제한하는 요소. 예: 예산, 일정, 조직 규정, 기술 스택 등. 아키텍처 결정 시 반드시 고려해야 한다.

Context Diagram(컨텍스트 다이어그램)

시스템과 외부 환경 간 관계를 나타내는 최상위 구조도. 시스템의 경계와 주요 인터페이스를 정의한다.

Design Decision(설계 결정)

아키텍처를 구성하는 핵심 선택. 예: 데이터 저장소를 RDB로 할지 NoSQL로 할지 등. 근거와 트레이드-오프가 함께 기록되어야 한다.

Design Decision Record(DDR, 설계 결정 기록)

중요한 설계 결정을 문서화한 기록. 이유, 고려된 대안, 트레이드-오프를 함께 남겨 조직 내 공유한다.

Design Rationale(설계 근거)

특정 결정을 내린 이유와 배경을 설명하는 기록. 추후 변경이나 리뷰 시 중요한 참고가 된다.

DevOps(데브옵스)

개발(Development)과 운영(Operations)을 통합한 문화. 자동화와 협업으로 개발 속도와 품질을 높인다.

Event-Driven Architecture(이벤트 주도 아키텍처)

이벤트 발생을 중심으로 동작하는 구조. 비동기 통신을 활용해 확장성과 유연성을 높인다.

Functional Requirement(기능적 요구사항)

시스템이 수행해야 하는 구체적 기능. 예: "사용자는 로그인할 수 있어야 한다." 품질 속성과 달리 '무엇을 한다'에 초점을 둔다.

GPT(Generative Pre-trained Transformer, 대규모 언어모델)

인간의 언어를 이해하고 생성할 수 있는 AI 모델. 아키텍처 설계 보조나 문서 자동화에 활용된다.

Interface(인터페이스)

컴포넌트 간 상호작용을 정의하는 경계. 명확한 인터페이스는 결합도를 낮추고 변경 용이성을 높인다.

Interoperability(상호운용성)

다른 시스템과의 연동 능력. 오픈 API, 표준 프로토콜, 데이터 포맷 호환이 주요 전술이다.

LLM(Large Language Model, 대규모 언어모델)

대량의 텍스트 데이터를 학습해 인간 언어를 이해하고 생성하는 AI 모델. GPT가 대표적이다.

Maintainability(유지보수성)

시스템을 수정하거나 개선하는 데 필요한 노력의 정도. 코드 품질과 아키텍처 명료성이 핵심이다.

Mermaid(머메이드)

Markdown 문서나 코드 내에서 다이어그램을 그릴 수 있는 텍스트 기반 시각화 도구. PlantUML과 함께 아키텍처 문서 자동화에 자주 활용된다.

Microservice(마이크로서비스)

하나의 큰 시스템을 작은 독립 서비스로 나눈 구조. 각 서비스가 독립적으로 배포되고 확장된다.

Modifiability(변경용이성)

시스템을 변경할 때 영향을 최소화하는 능력. 아키텍처 설계 시 가장 중요한 품질 속성 중 하나다.

Non-functional Requirement(비기능적 요구사항)

시스템이 '어떻게' 동작해야 하는지를 정의. 성능, 보안, 안정성, 변경용이성 등이 포함된다.

Performance(성능)

시스템이 요구된 시간 안에 작업을 수행하는 능력. 응답 시간, 처리량, 자원 사용률 등이 주요 지표다.

PlantUML(플랜트UML)

텍스트로 다이어그램을 작성해 자동 시각화하는 도구. 시퀀스, 클래스, 아키텍처 다이어그램 등을 쉽게 그릴 수 있다.

Portability(이식성)

시스템이 다양한 환경(운영체제, 클라우드 등)에서 재사용될 수 있는 정도. 표준화된 인터페이스가 핵심이다.

Prompt Engineering(프롬프트 엔지니어링)

AI 모델에 원하는 출력을 얻기 위해 명령문(프롬프트)을 설계하는 기술. 아키텍트의 통찰을 AI에 전달하여 AI 기반 설계 자동화를 이루는 핵심 스킬이다.

Prototype(프로토타입)

설계안을 빠르게 검증하기 위한 시범 구현. 품질 속성 시나리오 실험에 유용하다.

Quality Attribute(품질 속성)

시스템이 얼마나 잘 동작하는지를 나타내는 비기능적 요구사항. 성능, 보안, 변경용이성 등이 포함된다.

QAW(Quality Attribute Workshop, 품질 속성 워크숍)

아키텍처 설계 전 단계에서 품질 속성 요구사항을 이해관계자와 함께 도출하는 워크

숍. ATAM의 사전 활동이다.

Refactoring(리팩터링)

기능은 유지하면서 코드 구조를 개선하는 과정. 아키텍처 품질을 장기적으로 보존한다.

Reliability(신뢰성)

시스템이 장애 없이 지속적으로 동작할 확률. 중복 구성과 예외 처리가 핵심 전술이다.

Reproducibility(재현성)

동일한 입력에 대해 항상 동일한 결과를 얻는 능력. 실험적 시스템이나 AI 모델 검증에 중요하다.

Requirement(요구사항)

시스템이 제공해야 할 기능, 품질, 제약을 포함하는 전체 요구의 집합. 기능적·비기능적 요구사항의 상위 개념이다.

REST API(REST형 웹 API)

Representational State Transfer 원리를 따르는 웹 서비스 인터페이스. 단순하고 확장 가능한 웹 아키텍처를 구현한다.

SAAM(Software Architecture Analysis Method, 소프트웨어 아키텍처 분석기법)

시스템의 품질 속성을 중심으로 아키텍처를 평가하는 초기 분석 방법. ATAM의 기반이 된다.

Scenario(시나리오)

시스템이 특정 상황에서 어떻게 동작해야 하는지를 구체적으로 기술한 예. QAW, ATAM, 품질 속성 평가의 기본 단위다.

Scalability(확장용이성)

시스템이 부하 증가에도 성능을 유지하는 능력. 수평 확장이 대표적 전술이다.

Security(보안)

외부 위협으로부터 시스템과 데이터를 보호하는 능력. 인증, 암호화, 접근제어가 핵심이다.

Sequence Diagram(시퀀스 다이어그램)

객체나 컴포넌트 간 메시지 흐름을 시간 순서대로 표현한 UML 다이어그램.

ShopSmart Case(ShopSmart 사례)

이 책의 가상 전자상거래 플랫폼 사례. GPT AI를 활용한 아키텍처 설계와 평가의 실전 예시다.

Stakeholder(이해관계자)

시스템의 이해 당사자. 예: 사용자, 개발자, 운영자, 경영진 등 요구사항 도출과 품질 속성 결정의 출발점이다.

System Boundary(시스템 경계)

시스템 내부와 외부를 구분하는 개념. 아키텍처 뷰 작성의 출발점이 된다.

System Context(시스템 컨텍스트)

시스템이 속한 외부 환경과 상호작용을 정의한 관점. 외부 시스템, 사용자, 데이터 흐름을 함께 표현한다.

Tactic(전술)

품질 속성을 달성하기 위한 구체적인 설계 방법. 예: 캐싱(성능), 암호화(보안), 모듈화(변경용이성).

Trade-off(트레이드-오프)

두 품질 속성이 서로 상충할 때, 어느 쪽에 비중을 둘지 결정하는 판단 행위. 모든 설계 결정은 트레이드-오프의 결과물이다.

UML(Unified Modeling Language, 통합 모델링 언어)

소프트웨어 설계를 시각적으로 표현하기 위한 표준 언어. 클래스, 시퀀스, 컴포넌트 등 다양한 다이어그램을 지원한다.

Usability(사용편의성)

사용자가 시스템을 쉽게 배우고 사용할 수 있는 정도. UI 설계와 피드백 반영이 중요하다.

Use Case(유스케이스)

사용자와 시스템의 상호작용을 시나리오로 표현한 분석 도구. 요구사항 도출의 기초가 된다.

Walking Skeleton(워킹 스켈레톤)

시스템의 핵심 아키텍처를 최소한으로 구현해 실제로 "걸어 볼 수 있는" 실행 가능한 틀. GPT AI를 활용하여 빠르게 구축되며, 아키텍처의 기반을 조기에 검증하고 개발팀이 비즈니스 로직에 집중할 수 있는 '안전한 놀이터' 역할을 한다.

AI 시대,
개발자는 어떻게
진화하는가

초판 1쇄 발행 2026년 2월 25일

지은이   금창섭
펴낸이   이기봉
편집   좋은땅 편집팀
펴낸곳   도서출판 좋은땅
주소   서울특별시 마포구 양화로12길 26 지월드빌딩 (서교동 395-7)
전화   02)374-8616~7
팩스   02)374-8614
이메일   gworldbook@naver.com
홈페이지   www.g-world.co.kr

ISBN   979-11-388-5440-5 (03560)